燒腦謎題 100 道，
跳脫常規，重組思路，玩出新奇腦洞！

三個邏輯學家
去酒吧

霍格爾·丹貝克————著

羅松潔————譯

by

Holger Dambeck

Kommen
drei Logiker
in eine

Die schönsten Mathe-Rätsel

目 錄

鐘錶、蠟燭和手槍｜經典謎題

無關數學 ｜ 橫向思維

聰明與機智 ｜ 發揮創意

說謊者和囚犯 | 邏輯謎題

瓷磚和圓圈 ｜ 直觀幾何題

一變四 | 數字謎題

輪盤賭博和體育運動 | 排列組合題

渡輪、樓梯、橋樑｜動態謎題

硬幣、玻璃杯、小偷｜打破思考界線

前言
Vorwort

　　數學究竟是什麼？

　　我經常聽到這個問題。我知道很多人都認為數學就是關於計算或一堆公式，但事實上，數學恰好是為了儘可能避免計算和煩瑣複雜的一切而產生的。對於這一點，或許不是每個數學家都同意，但至少對這本書裡的一百道謎題來說絕對適用。

　　本書是在《明鏡週刊》（*Der Spiegel*）網站上發表過的〈每週謎題〉，加上我精心挑選的新難題集結而成。這些謎題經常被稱為所謂的「娛樂數學」。以前我覺得這個概念並不恰當，老是使我聯想到各種「娛樂音樂」，然後我的耳朵裡就會自動響起那些可怕的流行歌。

　　但後來我就不太在意了，因為與數學打交道確實是一件十分有趣的事。數學本身就非常具有娛樂性，它讓我們用日常生活中完全沒有過的方式來使用我們的大腦。當你面對一道看似無解的題，只要一些提點，答案就突然閃現，沒有什麼比這種

「恍然大悟」的體驗更棒的了。

正如我所說，數學是為了讓我們避免那些煩瑣複雜的計算。因此，比起我們在學校裡學到的呆板解題步驟，一定還有許多更具創造性，而且更優雅的方法來解同一道題目。

下面有兩道題目可以證明這一點。你很可能已經見過第一道例題了。

從 1 到 10 的整數總和是多少？

這道題有一種非常漂亮的類幾何解答方法。我們可以將這十個數字畫成圓點，總共 10 行。第一行是 1 個圓點，第二行是 2 個圓點，以此類推，第十行是 10 個圓點。畫出的圓點集合如下所示。不過，這張圖還不能解答問題。

現在，我們把這些圓點集合旋轉 180 度，放置在與原圖對稱的右上角，答案已經呼之欲出了。

　　這兩個合併而成的圓點集合形成了一個矩形，共 10 行，每行 11 個圓點，也就是 110 個圓點。我們只需要將這個數除以 2，就得到正確答案 55。

　　第二道例題就沒這麼容易了。不過，一個簡單的圖形同樣能讓答案不言而明。

$\dfrac{1}{4} + \dfrac{1}{16} + \dfrac{1}{64} + \dfrac{1}{256} + \cdots$的總和是多少？

即從 $\dfrac{1}{4}$ 開始，4 的 n 次冪的倒數的總和是多少？

　　答案是 $\dfrac{1}{3}$。畫一個平分為 4 份的正方形即可求證答案。將正方形右上的 $\dfrac{1}{4}$ 再劃為 4 份，以此類推。見下圖：

當我們想要計算 $\frac{1}{4} + \frac{1}{16} + \frac{1}{64} + \cdots$ 的總和時，只需要將黑色的部分相加，因為它們對應的剛好是正方形平面的 $\frac{1}{4}$、$\frac{1}{16}$、$\frac{1}{64}$ $\cdots$關鍵就是，當我們將黑色部分與其面積相同的白色與灰色部分全部相加起來，正好是一整個正方形。於是：

$$1 = 3 \times \left(\frac{1}{4} + \frac{1}{16} + \frac{1}{64} + \cdots \right)$$

再除以 3 就得到了正確結果。

$$\frac{1}{3} = \frac{1}{4} + \frac{1}{16} + \frac{1}{64} + \cdots$$

很複雜嗎？但願你不會有這樣的感覺。

希望接下來的一百道題目能讓你玩得愉快，也希望你能體驗到從一竅不通到靈光乍現，想出絕妙解答方法的過程！

霍格爾 · 丹貝克

德國漢堡，2017 年 6 月 15 日

導引：如何解開數學謎題

Wie man Matherätsel angeht

　　這本書能來到你的手上，我相信絕非偶然。你可能很喜歡數學，一定也很愛思考。所以我想提前給你一些建議，這樣你就不會對接下來的謎題感到挫折。雖然我無法給大家提供普遍適用的解答策略——這種策略根本不存在，但還是有些關於如何解題的建議供你參考。如果你讀過我的其他書，那麼你可能會對其中的一、兩個建議感到熟悉，因為其他書裡有一整篇章節，是關於如何找出充滿創造力的解答方法。我在這裡將更詳盡補充說明這些建議。

不要放棄，堅持到底

　　如果你想解決一道難題，首先，你該把這個題目從頭到尾徹底思考一遍。就算你毫無頭緒，也不要馬上去翻答案，給自己多一點時間和耐心。你可以暫時將這道謎題放在一邊，先試

試下一題，轉換一下思維，或許你就會突然開竅了。或者隔天早上刷牙時，腦中也有可能會冒出令人驚喜的解題靈感。

仔細分析題目文本

解題之前，你必須理解這道題目的意思。當你閱讀題目文本，遇到不好理解的地方時，就該注意了。題目中的這些「絆腳石」經常會提供有用的提示。舉一個和這本書中「第 12 題」相似的題目為例：

兩個俄羅斯數學家在飛機上偶遇。

其中一個數學家問道：「你是不是有三個兒子？他們現在多大了啊？」

另一個數學家回答：「他們年齡的乘積是 36，年齡的總和正是今天的日期。」

提問的數學家說：「呃，這些條件還不夠。」

「噢，對了，我忘說了，我大兒子有一隻狗。」

那麼，數學家這三個兒子的年齡分別是幾歲呢？

為什麼會提到狗？你也覺得這一點很奇怪吧？你再仔細想一下，就會發現這裡也可以用一隻貓、一台遊戲機或一種頭髮的顏色來替代這隻狗。這句話之所以看起來很重要，是因為夾帶了其他的細節。至於怎麼解題，在這裡我先不多透露。

有系統地分析

　　如果解題方式清楚明白，你可以把所有能想到的推論都寫下來，逐個查看。這種方法尤其適合用來解邏輯謎題。例如，當你聽到三個人在說話，並且知道其中一人在說謊時，如何看出說謊者是誰？

　　　人物 A：「B 在說謊。」
　　　人物 B：「C 在說謊。」
　　　人物 C：「我沒說謊。」

　　面對這樣的邏輯謎題，你可以製作一個表格，把所有可能的情況都列出來一一釐清。這種表格稱為「真值表」。

	情況 1	情況 2	情況 3
人物 A：「B 在說謊」	說謊	真	真
人物 B：「C 在說謊」	真	說謊	真
人物 C：「我沒說謊」	真	真	說謊
	矛盾	有可能	矛盾

　　表格做好後，你可以對照這幾種情況的說辭是否矛盾。在這一題敘述中，情況二看起來沒有問題，情況一和情況三都有邏輯上的矛盾。

情況一：B 說 C 在說謊，但在這個情況下，說謊者是 A，兩種說法相互矛盾。

情況三：A 說 B 在說謊，但在這個情況下，說謊者是 C，兩種說法自相矛盾。

因此情況一和情況三不可能是正確答案。只有情況二還有可能，並且沒有邏輯上的矛盾，所以只有 B 是說謊者。

儘量簡化問題

我們常常會遇到有些數值很大，或者需要我們分析全部情況的題目。例如，有一百個說謊者和一百個誠實的人坐在一張桌子旁，他們在說一些奇怪的事情。要解決這類問題非常困難。你可以先嘗試簡化的版本──桌子旁邊坐著兩個說謊者和兩個只說真話的人──在簡化版的解題過程中，你或許能發現其他方法來解決更大的問題。

另闢蹊徑

離開舒適圈，放棄熟悉的思考路徑，是催生創造性想法最重要的方法之一。這一點在數學中通常很難實現，因為我們習慣運用自己學過的解答技巧。就像坐火車去旅行一樣，我們只能到達那些鋪有鐵軌的地方。

換個視角或改變問題的形式，應該會很有幫助。一個與數

字有關的題目，也可以從幾何的角度來解答。舉一個例子：

　　某個男人為了在下午兩點到達山頂的小屋，他在早上十點的時候從山谷出發，開始徒步遠足。到達山頂後，他在小屋裡住了一晚。第二天早上十點，這個男人又出發走回山谷。由於是下坡，他在下午兩點前就抵達山谷。試論證，在這兩天內，早上十點到下午兩點之間，在哪一個時間點上，這個徒步者恰好處在同一高度位置？

　　我們對山的高度、坡度和徒步者的速度一無所知。儘管如此，只要把這個問題改動一下，解題的方法就出來了。

　　兩個男人從早上十點時開始徒步遠足，最多花了四個小時。一個人從山谷向山頂走，另一個人從山頂向山谷走。試論證，早上十點到下午兩點之間，在哪一個時間點上，這兩個徒步者恰好處在同一高度位置？

　　解題方式就很簡單，將高度拉成直線，你只需要求出兩個徒步者在遠足途中相遇的瞬間即可。
　　再舉一道題為例：

　　1 + 2 + 3 + 4 +…+ 97 + 98 + 99 + 100 的總和是多少？

我們當然可以用心算或計算機來算出答案，但年輕的數學家高斯（Carl Friedrich Gauss）早就知道一種更好的方法。他將數字重新整理如下：

（1 + 100）+（2 + 99）+⋯+（50 + 51）的總和是多少？

我們可以直接得出結果為 101 × 50 = 5050。

最後再舉一個例子。這是一個關於日曆的題目，要解這道題有一個非常特別的訣竅。

某個男人有兩個木製立方體，可以用來排出每個月從 01 號到 31 號的日期。請問這兩個立方體上有哪些數字？

要分析這個問題相對簡單，因為每個立方體最多只能放六個數字，代表我們需要將 0 到 9 的數字合理分配到這兩個立方體上。問題是，該如何分配？一個月的日期從 01 號開始，到 31 號結束，所以無論如何都會有一個 11 號和一個 22 號，即兩個立方體上都必須要有數字 1 和數字 2。

因為 1 到 9 有九個數字，而一個立方體上只能放六個不同的數字，為了排出從 01 號到 09 號的日期，兩個立方體上也必須都要有數字 0。

現在兩個立方體上已經有六個面被數字 0、1、2 佔據，還剩下六個面的空位，可是還有 3、4、5、6、7、8、9 這七個數

字還沒放上去啊！如果我們在第一個立方體寫上 0、1、2、3、4、5，第二個立方體寫上 0、1、2、6、7、8，那數字 9 就沒位置了，怎麼辦？難道答案根本不存在嗎？

不，答案只有一個，而且我們已經找到了——需要數字 9 的時候，把數字 6 倒過來就好了！如此，這個立方體日曆的謎題就解開了。

別被題目牽著鼻子走

有時候解一道題，最怕就是答案可能多到無法計算。例如下面這一題：

請找出所有包含數字 0、1、2、3、4、5、6、7、8、9 的十位數的質數（只能被 1 和自身整除的數）。

如果你稍微了解組合數學，就會明白這十個數字可以組合成三百多萬個不同的數。該如何檢驗每一個數是不是質數？到底是誰想出這樣一道題目？這種題型最有可能的情況是，要麼只有一個答案，要麼根本就沒有答案。我們這道題目就是屬於後者。

有一個規則可以幫助我們解決這道難題：所有由這十個數字組成的十位數，字面數字相加都是 45（= 1 + 2 + 3 + 4 + 5 + 6 + 7 + 8 + 9）。45 不僅可以被 3 整除，還可以被 9 整除，所以由

這十個數字組成的十位數都可以被 3 和 9 整除，由此可知它們全都不是質數。[1]

間接取代直接

上面的題目是關於三百多萬個不同的數，這裡我們再進一步到無限多的數。

試證明質數有無限多個。

我們可以嘗試把所有質數逐一列舉，也可以確定這種做法永遠沒完沒了，而我們永遠也無法證明質數有無限多個。

面對這種問題，我們不能直接解決，而是要從間接著手，也就是繞過來解決。闖空門的人基本上都是這麼做的，他們不會撬開房屋大門上厚重的鎖，而是繞到房屋的背面，在那裡找到比較好開的地下室窗戶。

我們可以反駁論點，用這種非直接的方式來證明論點。由

---

[1] 如果一個三位數的百位數字是 a，十位數字是 b，個位數字是 c，那麼這個三位數可以表示為：

$100a + 10b + c$

$= (99 + 1) a + (9 + 1) b + c$

$= 99a + a + 9b + b + c$

$= (99a + 9b) + (a + b + c)$

99a + 9b 肯定能被 3 整除，所以只要 a + b + c 的和能被 3 整除，這個三位數就能被 3 整除。以此類推，十位數也適用此規則。這就是橫加數規則。

於數學的邏輯一致性，間接證明是完全可行的。一個論點要麼正確，要麼錯誤，互相矛盾的論點不可能同時為真。

因此，我們假設質數的數量是有限的，更確切地說有 n 個質數。我們將這些質數列為 P_1、P_2、P_3…P_n，並且相乘：

$$P_1 \times P_2 \times P_3 \times \cdots \times P_n$$

我們得到了一個有趣的自然數，它可以被 n 個質數整除，即 P_1、P_2、P_3…P_n 裡的任何一個整除，因為這個自然數是所有這些質數的乘積。真正的重點來了，我們在 n 個質數的乘積再加上 1：

$$P_1 \times P_2 \times P_3 \times \cdots \times P_n + 1$$

所得之數也是一個自然數，然而它不能被 n 個質數裡的任何一個整除。更確切地說，它在做除法時總會剩下多餘的 1。因此，這個自然數本身即是質數，它不包含在 P_1、P_2、P_3 或 P_n 裡面，也不是兩個或更多質數的乘積。所以，這個質數並不屬於前面列出的 n 個質數，這與我們只存在 n 個質數的假設互相矛盾。由此可證，「質數的數量是有限的」這個假設是錯誤的。反之即意味著質數的存在有無限多個。

我知道，間接證明看起來有些奇怪，而且必須要能抓準論點的對立面。但我們不得不承認，這個方法十分有用。

抽屜原理

抽屜你很熟悉吧！我們幾乎每天都在整理和分類東西，這時候抽屜就很有用。虛擬形式的抽屜在數學中也同樣有用。下面這道小題目會向我們展示抽屜原理如何運作。

在體育協會的地下儲藏室裡，有白色、紅色、藍色和綠色的滑雪杖，它們都一樣長。管理員想要拿出一些滑雪杖，但地下室的燈壞了，他完全看不見任何東西。請問，他需要隨機拿出多少根滑雪杖，才能確保其中一定會出現兩根同樣顏色的滑雪仗？

我們假設有四個抽屜，每個抽屜對應一種顏色的滑雪杖。我們從暗處隨機拿取滑雪杖，然後在燈光下分類放進抽屜裡。這樣，在拿取第五根滑雪杖的時候就能達到我們的目的，因為只有四種顏色的滑雪杖，第五根滑雪杖必定得放進其中一個抽屜，而這個抽屜裡已經有一根滑雪杖了。

多米諾骨牌法

當論點適用於所有自然數 n 時，就可以使用所謂的數學歸納法。我更想稱之為多米諾骨牌法，這樣大家馬上就可以理解這種證明法如何運作。

讓一張桌子上立著的多米諾骨牌全都倒下的先決條件是什麼？確切地說有以下兩點：

1）第一塊骨牌必須倒下。

2）每一塊立起來的骨牌倒下時，都必須讓排在它後面那塊骨牌也倒下。

我們用奇數自然數的求和公式來舉例說明多米諾骨牌法。請看以下這些等式：

$$1 = 1 = 1^2$$
$$1 + 3 = 4 = 2^2$$
$$1 + 3 + 5 = 9 = 3^2$$
$$1 + 3 + 5 + 7 = 16 = 4^2$$
$$1 + 3 + 5 + 7 + 9 = 25 = 5^2$$

很明顯地，這些奇數相加總是得到一個平方數。我們將奇數寫作 2n+1 或者 2n−1，n 為自然數。若等式的右邊為 n^2，那麼等式左邊最大的奇數則為 2n−1，也就是：

$$1 + 3 + \cdots + 2n - 1 = n^2$$

以上公式無論 n = 1、2、3、4、5 都適用，這意味著不僅

第一塊多米諾骨牌會倒下，前五塊多米諾骨牌無論如何也會倒下。這樣多米諾骨牌法的開頭就完成了。

現在我們隨意取出任意一塊多米諾骨牌，編號為 i，是為自然數。我們假設這塊骨牌倒下了，意味著這項求和公式也適用於這塊骨牌。

i 的總和 = 1 + 3 + 5 +···+ 2i − 1 = i^2

那下一個編號為 i+1 的骨牌會怎麼樣呢？求和公式對它來說也適用嗎？我們可以相對簡單地計算出來。為了讓求和公式同樣適用於 i+1，我必須將這個奇數加到 i 的求和公式中，也就是 2（i + 1）− 1。

i + 1 的總和 = i 的總和 + 2（i + 1）− 1

　　　　　 = i 的總和 + 2i + 1

　　　　　 = i^2 + 2i + 1

你可能會覺得等式的右邊有些熟悉。這是二項式定理的一種形式：

（a + b）^{2} = a^2 + 2ab + b^2

這裡令 a = i 和 b = 1，可以得到：

i + 1的總和 = $(i + 1)^2$

　　這樣就證明了求和公式同樣適用於 n = i + 1。前面我們已證明這項公式適用於 n = i，同理可證，我們的求和公式對任意一個自然數 n 都適用。

鐘錶、蠟燭和手槍

經典謎題

經典謎題雖然變化多樣，其實並不會太難，所以我選擇由此入門。希望你能在練習中感受到樂趣，激發你的興趣，挑戰下面篇章中更多的謎題。讓我們開始吧！

習題
Aufgaben

1. 接下來會是什麼圖形？

你肯定知道這種謎題形式：四個古怪的圖形並列在一起，通常由十字形或圓圈組成，並且被上了色。這些圖形之間存在某種連貫的邏輯，而你要做的就是：

從這四張圖找出正確的邏輯，然後畫出第五張圖。

這裡首先需要分析性思維和邏輯性思維，其次還要有創造性思維和橫向思維。可以想見，這種題目常常出現在智力測驗的一部分。

這道題沒有預先列出可能的答案選項，你必須自己想出第五個圖形並且畫出來。這難不倒你的吧？你一定可以完成的！

2. 如何秤出巧克力的重量？

希望你也可以成功解決下面這個問題。

某巧克力工廠生產的一款全脂牛奶巧克力片正好重 100 公克。融化的巧克力會被適量分流到模具中，感謝現代科技，要做到這一點完全沒有問題。然而機器有時也會出現偏差，就像下面這種情況一樣。

由於機器設定出現錯誤，導致有一整批的巧克力片都超重了 5 公克。還好，廠長很快就發現了這個錯誤，並且將機器重新校準好了。

他將裝有超重巧克力片的托盤推進了倉庫。因為對這個錯誤感到太生氣，結果他忘記自己把這些重 105 公克的巧克力片放在哪裡了。倉庫裡總共有十個托盤，只有一個托盤上的巧克力片重量和其他的不一樣。你的任務就是：

找出那一批 105 公克重的巧克力片。你可以從托盤中取出多少巧克力片放在秤上都沒關係，這個電子秤的精確度可以到 0.001 公克，但你只能使用一次。

3. 完美對準的鐘錶指針

秤重之後,讓我們來做一道關於鐘錶的題目吧。

某個星期日晚上的神祕時刻,晚上 8 點 15 分,或者還要再過幾分鐘才開始。下酒點心已經準備好,冰鎮過的啤酒也已經就定位。一位《犯罪現場調查》的劇迷舒適地窩在沙發上,電視裡還沒有發生謀殺案,但也不會等太久。

此時這個男人瞧了一眼牆壁上的鐘,愣住了:在這一刻,分針和時針距離 6 的位置不是正好對稱嗎?這兩根指針與數字 6 形成的夾角看起來似乎一樣大。

時針與分針真的有可能停在和 6 相同角度的位置嗎?如果有可能,這個時刻的準確時間是幾點?

提示:假設指針是以恒定速度轉動,而非跳動的形式。

4. 只有一個暴徒活下來，為什麼？

這個題型和前面的問題不同，是一道攸關生死的論證題。

快到午夜之時，五個黑色的身影聚集在一個黑暗的地方。這些暴徒彼此看不順眼已經很多年了，現在，他們終於要決一死戰。

他們彼此站的位置距離並不相同，每個人的左輪手槍裡都有一發子彈，正好可以打中離他最近的那個人。午夜來臨，當教堂的鐘聲響起時，這五個男人同時扣下了扳機……

最後至少有一個暴徒活了下來，請試著證明為什麼。

34

5. 酒裡的水，水裡的酒

再來一個很快就能弄清楚的問題。

我的建議是，不要將事物想得比它本身還複雜。

桌面上立著兩個同樣大小的高腳杯，一杯裝了酒，另一杯裝了相同體積的水。現在把一些酒倒進裝水的杯裡，攪拌均勻。接著將混合的酒水倒回裝酒的高腳杯裡，直到兩個高腳杯同樣滿為止。

現在究竟是水裡的酒多，還是酒裡的水多？或者它們的含量同樣多？

兩個提示：首先，我們假定在攪拌酒水時沒有潑灑或流失任何液體（因為在實際情況中，液體會附著在勺子上）；再者，我們忽略酒除了酒精之外，主要的成分還是水，而是將酒視為一種可以與水融合的獨立液體。

6. 只要點燃就好啦！

在日常生活中，大家很少會用到導火線，但是在謎題裡卻很受歡迎，因為它們可以讓問題變得棘手。下面我們就來做兩道關於導火線的謎題，一題相對簡單，另一題則需要動一些腦筋。我們從較簡單的題開始：

第一題：你有兩根長度不同的導火線，兩根燃燒的時間都正好是 1 分鐘。你可以用這兩根導火線測定 45 秒的時長嗎？

第二題：你有一根可以燃燒 1 分鐘的導火線，你可以用它來測定 10 秒的時長嗎？

規則：不可以將導火線對折尋找中點，也不允許用尺測量和標注記號。

7. 他能成功穿越沙漠嗎？

秤、導火線和鐘錶指針，但願這些題目你都順利解出來了。現在讓我們一起進入沙漠吧！

驕陽無情地炙烤著沙漠，沒有任何陰影可以讓人歇腳。只要在炎熱的沙漠裡走過一次，就會知道隨身攜帶足夠的水有多麼重要。這道題目裡的主人公也深知這一點。

一個運動員打算用六天的時間跑步橫越沙漠。在起點處有足夠的水和食物，但他只能攜帶四天份的口糧。他該如何安排，才能成功穿越沙漠？

提示：運動員出發後，身上帶有四天份的口糧。過了一天之後，只剩三天份，因為有一份已經被他吃喝用盡。不過他可以將口糧存放在沙漠中任何一處。

8. 怎麼做最省錢？

薩姆‧勞埃德（Sam Loyd, 1841-1911）熱愛下西洋棋，他曾替報紙的解謎專欄寫過上千個關於西洋棋的小謎題。感謝這位益智遊戲設計師，以及他留給我們的許多精妙絕倫的數學謎題。下面這道題目就出自勞埃德之手。

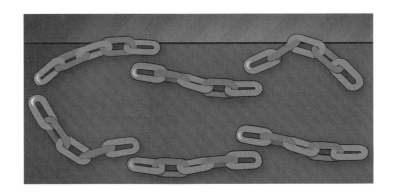

這裡有 6 段鎖鏈，每一段鎖鏈有 5 個環。有個農夫想要把這 6 段鎖鏈組成一條有 30 個環的封閉鎖鏈。

將鎖鏈上的一個環鋸開再焊接起來，需花費 25 歐元。農夫也可以直接在商店買一條 30 個環組成的新鎖鏈，這條新鎖鏈要價 140 歐元。

要想得到一條 30 個環組成的封閉鎖鏈，這個農夫至少需要花多少錢？

9. 終極量杯

用不同大小的玻璃杯測量出固定的液體體積，是解謎遊戲的其中一種經典題型。甚至在賣座系列電影《終極警探》第三集中，布魯斯‧威利（Bruce Willis）飾演的男主角約翰‧麥克連就遇到了這個難題。他必須在 5 分鐘內精準地將 4 加侖的水放在秤上，不然就會有不幸之事發生。

麥克連和他的搭檔有兩個不同大小的塑膠桶，分別可以裝 3 加侖和 5 加侖的水。起初這兩個人毫無頭緒，但最後終究還是解決了難題，剛剛好灌入了 4 加侖的水。我們的題目也頗為相似，只不過你可以做得更輕鬆一些。

你想要做一種醬汁，剛好需要 0.1 公升的水。可是你的廚房裡沒有量杯，只有兩個玻璃杯可用。一杯可以裝 0.3 公升的水，另一杯可以裝 0.5 公升。幸運的是，水很多，絕對夠你用。你可以成功做出醬汁嗎？

附加問題：約翰‧麥克連是用什麼方法來解開難題，順便解救自己呢？

10. 當內向遇到外向

　　每年的十二月，內向俱樂部都會舉辦一場晚會。照慣例，內向俱樂部的成員會邀請外向俱樂部的成員。這場晚會的目標，就是讓現場所有人都能練習與自己不同個性的人打交道。

　　晚會在一張大圓桌上舉行，這樣每個人的旁邊都會坐著兩個人。由於外向者有強烈的交流意願，可能會讓某些參與者，尤其是內向者無法好好交流。為了避免這種情況發生，不管是內向還是外向，每個參與者的兩側不能都是外向者。

　　今年，兩個俱樂部各有 25 個成員參加晚會。其中一位內向者鼓起勇氣說：「每個人的隔壁不能兩邊都是外向者，但是要50 個參與者都按照這個規定安排座位是不可能的。」外向者則大聲反駁：「當然可能！」

　　問題來了：請問誰說的對呢？

11. 蘋果在哪？柳丁在哪？

有些大公司會在面試時出謎題，試圖了解應徵者如何處理問題。下面這道謎題就來自美國一間大型 IT 集團的面試題。

這道題目是關於「蘋果和柳丁」——在美語中，這句話引申為不同類型的事物。然而這道題的目的並不是要你把蘋果與柳丁做比較，而是找出水果。

在你前面有三個箱子。一個箱子裡只有蘋果，一個箱子裡只有柳丁，第三個箱子裡有蘋果和柳丁。箱子外原本貼著標籤，但這些標籤不小心被弄混了，以至於現在三個箱子上的標籤沒一個是正確的。

你不能看箱子裡面，而且只能從一個箱子取出一個水果。你有辦法分辨三個箱子裡各有什麼水果嗎？該怎麼做呢？

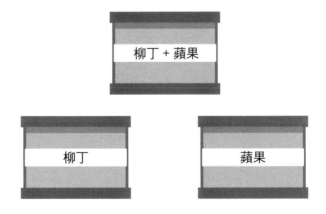

12. 兩個數學家相遇

我尤其喜歡這道謎題,因為大家一開始聽到題目的時候,幾乎都不相信這道題有辦法解開。

有兩個熱愛解謎的數學家,偶爾會一起參加專業會議,這是他們唯一能共同享受解謎樂趣的機會。他們上一次見面時,有了以下的對話。

第一個數學家問道:「你不是有一個兒子嗎?」

另一個數學家回答道:「是啊,現在我又有了另外兩個兒子,還好不是雙胞胎。」

第一個數學家又問:「他們三個現在多大了?」

第二個數學家回答:「他們三人年齡的乘積正好是現在的月分。」

「呃,只有這些線索還不夠。」

三個孩子的父親回答道:「好吧,反正一年後,所有人的年齡相加,結果仍然是現在的月分。」

請問這三個兒子的年齡分別是幾歲?

提示:我們假設只要不是雙胞胎或三胞胎,兩兄弟的生日相隔至少一年。一月代表數字 1,二月代表數字 2,以此類推。

13. 四個步行者和一座搖晃的橋

你肯定聽過一個關於農夫的難題。有個農夫要搭一艘小船渡河，他還有一隻狼、一隻綿羊和一棵白菜。小船只能載得下農夫和另外一樣東西。但是只要農夫不在，綿羊就會吃掉白菜，狼也會吃掉綿羊。農夫該怎樣做，才能將動物和白菜都安全送到對岸呢？

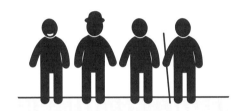

要解決農夫的問題相對簡單，我這裡還有一個更難的變化題型。這回不是要過河，而是橫越峽谷。

四個步行者必須儘快抵達峽谷另一側，他們要搭的巴士在 60 分鐘後會準時從那裡發車。倒楣的是，橫越峽谷的吊橋已經有些破舊，最多只能兩人同時過橋。四周漆黑一片，雖然他們有帶一支手電筒，但光線太微弱，無法從橋的兩側照亮整座橋，因此每次過橋時都必須帶上手電筒。此外，這四個人的體力也不同。第一個人走過吊橋需要 5 分鐘，第二個人要 10 分鐘，第三個人需要 20 分鐘，第四個人則要花上 25 分鐘。

這四個人能趕得上巴士嗎？他們該怎麼做？

14. 當石頭沉到湖底

本章最後一道經典謎題，將帶領我們進入物理學的世界。如果你對浮力有大概的了解，這道題應該不會太難。

請你想像一下，你在一個小湖中央，划著一艘小船。這艘小船划起來比平常更笨重，吃水也明顯比平常深，但原因不是你早餐吃得太豐盛，因此增加了不少重量。

你檢查小船，發現在舊帆布下放著好幾顆沉重的大石頭，原來是這個緣故！你正好在湖上，所以你直接把石頭扔進了水裡。這些石頭很快就沉到湖底。

石頭沉到湖底之後，這座湖的水位會如何變化？是升高、保持一致，還是降低？

答案
Lösungen

1. 接下來會是什麼圖形？

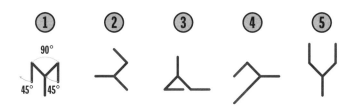

仔細分析這些圖形，你會發現每個圖形由兩部分組成。一部分是字母 Y：依照圖的順序，可以看出每張圖的 Y 會按順時針方向旋轉 90 度。

另一部分是懸掛在 Y 前肢兩端的兩條「手臂」：這兩條手臂不僅隨著 Y 一起旋轉了 90 度，又自己再旋轉了 45 度。圖形②的其中一條手臂與 Y 的其中一個前肢重疊了，所以看起來好像少了一條。

2. 如何秤出巧克力的重量？

從第一個托盤取出 1 片巧克力，從第二個托盤取出 2 片，從第三個托盤取出 3 片，以此類推，直到從第十個托盤取出 10 片巧克力。將這總共 55 片的巧克力全部放在秤上，然後將秤上顯示的重量減去（55×100 =）5500 克。

結果將會說明哪個托盤裝有超重的巧克力片。如果減去之後剩 5 克，那就是第一個托盤超重；如果是 10 克，就是第二個托盤；以此類推，如果是 50 克就是第十個托盤。

3. 完美對準的鐘錶指針

　　兩根指針的確有可能停在與數字 6 角度對稱的位置,這一刻正好是 8 點 18 分 27.7 秒。

　　在 8 點 15 分整的時候,分針與 6 之間的角度大於時針與 6 之間的角度。然而分針不斷朝著 6 前進,它們之間的角度自然會慢慢縮小。與此同時,時針正在慢慢遠離 6,它們之間的角度就會變大。到了 8 點 20 分,它們與 6 的關係已經反過來,分針比時針更接近 6。由此可知,在這五分鐘內,一定有某個時刻,時針與分針的角度是相同的。

　　既然兩根指針始終以穩定的速度在移動,而不是跳動,那麼這個具體的時間點會是什麼時候呢?

　　讓我們先來看看角速度:

$$分針 = \frac{360°}{60min} = 6° / min$$

$$時針 = \frac{360°}{720min} = 0.5° / min$$

假設這個具體的時間點為 8 點 t 分，那麼分針和時針與 6 之間的角度計算如下（為了更一目了然，省略單位度和分鐘的符號）：

答案

分針角度 = 180 − t × 6

時針角度 = 60 + t × $\dfrac{1}{2}$

若兩個角度一樣，則可以寫成：

$$180 − t × 6 = 60 + t × \dfrac{1}{2}$$

我們將 t 移到等式的一邊，得到：

$$120 = \dfrac{13}{2} × t$$

$$t = \dfrac{240}{13}$$

　　答案就是 $\dfrac{240}{13}$ 分鐘，也就是 18 分鐘又 27.7 秒。因此準確的時間點就是 8 點 18 分 27.7 秒。

4. 只有一個暴徒活下來，為什麼？

由於這五個男人之間的距離不一，那麼一定會有兩個暴徒之間的距離最近。因此這兩個男人會以彼此為目標，互相開槍射擊對方。

那剩下的三個暴徒會做什麼？我們需要考慮兩種情況：

1）這三個暴徒其中一人會以兩個互相射擊的人其中一個為目標，因為這個人離他最近。這麼一來就會有一個人身中兩槍。因為全部只有五發子彈，所以至少會有一個暴徒活下來。

2）剩下的三個暴徒離得比較近，另外那兩個互相射擊的暴徒離他們都比較遠。那麼在這三個人之中，又會有兩人的距離是最近的，而這兩人就會以彼此為目標相互開槍。這麼一來就沒有人射擊第三個暴徒，他就這樣活了下來。

5. 酒裡的水，水裡的酒

水杯裡的酒與酒杯裡的水一樣多！

此題的論證非常簡單。我們知道，兩次混合之後，水杯裡有一定份量的酒，那麼酒杯裡缺的就是這一定份量的酒。由於兩個高腳杯裡的液體倒來倒去之後，仍然裝得一樣多，代表酒杯裡缺少的酒正好由同樣份量的水取代了，所以兩個玻璃杯裡的水與酒含量是相同的。

6. 只要點燃就好啦！

如何測定 45 秒的時長？將一根導火線的兩端同時點燃，並且同時點燃另一根導火線的其中一端。30 秒後，第一根導火線就全部燃燒完了，第二根導火線還剩下一半。這時趕緊點燃第二根導火線未燃的一端。15 秒之後，第二根導火線也燃燒殆盡——總共費時 45 秒。

如何用一根可以燃燒 60 秒的導火線來測定 10 秒的時長呢？非常簡單，只要這根導火線上同時有六個穩定的火苗持續燃燒，那麼它燃燒的速度就是只有一個火苗在燃燒時的六倍。

將導火線的兩端同時點燃，並且同時在這根線上任選兩點立刻點燃。在中間的起火點會沿著導火線往兩個方向蔓延，所以兩個起火點會產生四個火苗。一旦任一段導火線燃盡，必須馬上從尚未燃燒的導火線上任選一點來點燃，這樣就會持續有六個火苗在燃燒。最後，當這根導火線燃燒殆盡，所花費的時間就是 10 秒。

這個解答方法實際上難以施行，因為我們必須在越燒越短的導火線上不斷找位置點燃火苗。但至少在理論上是可行的。

7. 他能成功穿越沙漠嗎？

橫穿沙漠並非不可能，但需要按照下列步驟操作：

1）運動員帶著四份的口糧開跑。他跑完一天的路程後，就

地放置兩份口糧，返身跑回起點。他在啟程的路上消耗掉了一份口糧，回來的路上消耗掉了另一份口糧。

2）他再次攜帶四份口糧開跑。他跑完一天後，還剩三份口糧。他拿起之前放置在此地的兩份口糧中的一份，放進背包，帶上這四份口糧又繼續跑了一天，這時他還剩三份口糧。他將其中兩份就地放置在沙漠中，又開始往回跑。一天之後，他從背包裡拿出最後一份口糧吃掉，這時他抵達第一次放置口糧的地方，拿起這最後一份口糧，然後成功回到起點。

3）運動員再次帶著四份口糧出發。兩天之後，他抵達先前放置兩份口糧的地方。這時，他原本帶的四份口糧中已經有兩份被吃掉了，因此他取走了放在這裡的兩份口糧，身上總共帶著四份口糧，支撐他完成剩下的四天路程。

8. 怎麼做最省錢？

農夫最少要花 125 歐元。

這個問題乍看很簡單，花 140 歐元買一條新鎖鏈似乎更划算。因為將 6 段鎖鏈的邊緣各打開一個環，與另一段鎖鏈相接合，會產生（6×25 =）150 歐元的花費。

但實際上還可以更便宜一些。若將 1 段鎖鏈的 5 個環全部切開，用來接合剩下的 5 段鎖鏈，就可以形成一條有 30 個環的鎖鍊。這麼做只需花費（5×25 =）125 歐元。

我自己可想不出這個巧妙的解法，你呢？

9. 終極量杯

　　將 0.3 公升的玻璃杯裝滿水，倒入 0.5 公升的玻璃杯中。接著將 0.3 公升的玻璃杯再次裝滿水，繼續倒入 0.5 公升的玻璃杯中，直至杯滿。此時 0.3 公升的玻璃杯裡正好只剩 0.1 公升的水了，你就可以製作完美醬汁啦！

　　約翰‧麥克連在《終極警探 3》也採用了相似的辦法。他將 5 加侖的大桶裝滿水，倒入 3 加侖的小桶中，直到裝滿。然後清空 3 加侖的小桶，再將 5 加侖大桶裡剩下的 2 加侖水倒入小桶。

　　接著他再次裝滿大桶，然後用大桶裡的水裝滿小桶。小桶裡原本已有 2 加侖的水，最多可以再裝 1 加侖，這樣大桶裡就會剛好剩下 4 加侖的水。

10. 當內向遇到外向

　　儘管沒有人理會這個內向者，但他說的是正確的。

　　若要遵守晚會的規定，首先，不能讓兩個以上的外向者坐在一起。如果三個外向者彼此相鄰而坐，那麼中間那個人就有兩個外向者坐在隔壁，這是不被允許的。

　　外向者要麼單獨坐，要麼兩個人一起坐，並且左邊或右邊至少坐著一個內向者。因此，總共 25 個外向者會產生至少 13 個空隙（12 個外向者兩兩坐一起，有 1 個單獨坐）或最多 25

個空隙（所有外向者都單獨坐）。

若要滿足晚會的規定，每個空隙必須要坐進兩個以上的內向者。但內向俱樂部只有 25 名成員，把他們塞進這 13 個空隙的話，至少會有 1 個人落單。落單的內向者兩側都坐著外向者，這就違反晚會的規定了。所以要想按照規定，每個人的兩側不能都坐著外向者，是不可能實現的。

如果俱樂部的成員是偶數時，例如兩方皆為 26 人，就有一個簡單的解決方案：內向者和外向者皆兩兩一組，一組挨著一組坐座位。

11. 蘋果在哪？柳丁在哪？

只要從一個箱子裡取出一個水果，就足以分辨出每個箱子裡裝了什麼。

但是並非從任意一個箱子裡拿水果，你必須從貼有「蘋果和柳丁」標籤的箱子裡拿水果。因為這個箱子裡裝的不是蘋果就是柳丁，不可能是蘋果和柳丁混合。如果蘋果和柳丁都在裡面的話，那就與標籤一致了；但根據題目描述，沒有一個標籤是正確的。

這題的解法可分為兩種情況：

情況一：你取出了一個柳丁。

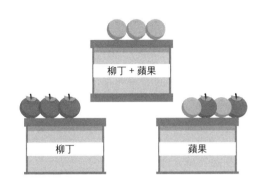

　　因為標籤與內容物不相符，那麼蘋果一定就在標有柳丁的箱子裡，而混合的蘋果和柳丁就在標有蘋果的箱子裡。

情況二：你取出了一個蘋果。

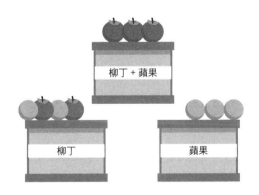

　　因為標籤與內容物不相符，那麼柳丁一定就在標有蘋果的箱子裡，而混合的蘋果和柳丁就在標有柳丁的箱子裡。

12. 兩個數學家相遇

這三個兒子分別為 1 歲、2 歲和 6 歲。

因為一年只有 12 個月,所以年齡的乘積必定在 1 到 12 之間。除此之外,可以確定這三個兒子的生日不是同一天,那麼他們的歲數也不相同。

我們試著將 1 到 12 的數字分解出三個不同的因數。當然,1 也可以作為因數。不過我們需要剔除 2、3、5、7、11 這些數字,因為它們是質數,只有可能是兩個數的乘積,例如 1×2 或 1×3。雖然 1×1×2 和 1×1×3 原則上是可以的,但這樣就會有兩個兄弟歲數相同,所以必須剔除質數。

數字 1、4、9 只能分解為 1×1×1、1×2×2、1×3×3,這樣就會出現有兩個兄弟歲數相同的情況,所以這三個數字也被排除了。

現在可能的數字只剩下:

$1 \times 2 \times 3 = 6$

$1 \times 2 \times 4 = 8$

$1 \times 2 \times 5 = 10$

$1 \times 2 \times 6 = 12$

$1 \times 3 \times 4 = 12$

別忘了還有另一個條件:一年之後,所有人的年齡相加應

為現在的月分。這表示,目前三人年齡的乘積必須等於一年之後三人年齡的總和。如此一來,只有 1、2、6 適合以上條件,因為它們的乘積是 12,各加一之後的和也是(2 + 3 + 7 =)12。因此數學家三個兒子的年齡分別為 1 歲、2 歲和 6 歲。

13. 四個步行者和一座搖晃的橋

　　走路速度最快的人可以拿著手電筒,將剩下的三人一個接一個帶到峽谷的另一邊,這似乎很合理。但要帶所有人穿越峽谷,總共需要走三趟,而速度最快的步行者為了接人必須獨自返回兩趟,算下來整體時間必須用去(25 + 20 + 10 + 5 + 5 =)65 分鐘。這樣就無法及時趕上巴士了。

　　那麼,他們該如何成功過橋呢?

　　很簡單,兩個走得最慢的人必須一起通過這座橋。這樣就能節省時間。

　　首先,速度較快的兩個人帶著手電筒走到另一邊,花費 10 分鐘。接著,走得最快的人獨自帶著手電筒返回,將手電筒遞給走得較慢的兩個同伴,花費 5 分鐘。這兩個人走到峽谷對面,花費 25 分鐘。然後將手電筒轉交給在另一頭等候的人,讓他帶著手電筒回去把走得最快的人接過來,過程要花費(10 + 10 =)20 分鐘。

　　現在我們算一下,這四個人走到峽谷對面的巴士車站共花了(10 + 5 + 25 + 10 + 10 =)60 分鐘。

所以，只要這幾個人能即時想出解決辦法，實際上是可以成功趕上巴士的。

14. 當石頭沉到湖底

解這道題，必須從兩個事實來考慮。其一，當你把石頭從小船拿出來拋入水中，小船會浮上來一些，湖面水位會下降。其二，當石頭沉入水底，湖面水位會上升。那麼，這兩個事實，哪一個的影響更大呢？

當你把石頭放進小船裡，船身會更加沉入水中，而小船排開的水的質量正好是石頭的質量[2]。大家都知道，1 公升的水重 1 公斤。所以，假設這些石頭重 10 公斤，代表有 10 公升的水被小船排開。

現在我們把整件事反過來看：當你把 10 公斤的石頭從小船拿出來，小船排開的水少了 10 公升，水位就會下降 10 公升（當然，這麼大的湖面肯定看不出來）。當你把 10 公斤的石頭扔進湖裡，湖水就會增加這些石頭的體積。因為石頭的密度比水大兩到三倍，它們排掉的不會是 10 公升的水，而是 5 或 3 公升的水。

---

[2] 當石頭放在船裡，浮在水上，相當於浮體，所受浮力正好等於其重力。所以更精確地說，應該是「石頭重量 = 石頭質量×重力加速度 = 浮力 = 水密度×排開的水體積×重力加速度」，而其中「水密度×排開的水體積 = 水質量」，因為重力加速度相同，所以「石頭質量 = 排開的水質量」。

把這兩個結果相互比較一下：把石頭從小船拿出來，水位會下降 10 公升；把石頭沉到水底，水位會升高 3 到 5 公升。

結論：水位下降了。

無關數學

橫向思維

　　沒有明顯標準答案的謎題，通常更加令人興奮。面對這種題目的時候就需要橫向思維（或稱為水平思考）。這一章的謎題完全不需要用到數學，而是需要更多想像力。解題的方式雖然沒有規則或限制，但這對你應該不會造成困擾。你也不需要太驚訝，有些題目還會讓你有毛骨悚然的感覺呢！

習題
Aufgaben

15. 請不要開槍！

一個男人走進一家酒吧，點了一杯水。酒保觀察了這位客人一會兒，然後拿起了放在吧台下面的一把左輪手槍，指向他。這個男人表示感謝，接著離開了酒吧。

請發揮你的聰明才智與想像力，為整個事件提出合理的解釋。沒有特殊限制，任何情形都是被允許的。

16. 救救可憐的小鴨子

接下來有一隻小鴨子，你想要將這隻小鴨子從困境中解救出來。

在某個建築工地現場，混凝土地面上有一些很深的洞，洞口大概都只有一個拳頭那麼寬。有一隻小鴨子掉進了其中一個洞裡，被困住了。

這隻小動物看起來沒有受傷，還能站起來走動。你想要救牠，於是將手臂伸進洞裡。但這個洞有一公尺多這麼深，你的手臂不夠長，搆不到小鴨子。你不可以拿棍子或類似的東西伸進洞裡，因為這樣可能會讓小鴨子受傷。

其實你可以用非常簡單的方法把牠救上來，你知道該怎麼做嗎？

17. 沙漠中的死人

一個男人躺在沙漠中央。最近的民宅距離此處有好幾百公里。這個人已經死了，他的手裡還拿著一根被折斷的火柴。

他是如何到達這個地方的？他為什麼會死？

18. 奇怪的司機

又是一個男人，他開著汽車穿過城市，並且打開車上的收音機。不一會兒，他踩了煞車，將車停在路邊，開槍自殺了。為什麼？

19. 間歇性睡眠

一位女士躺在床上，她醒了，但她沒有起床，而是打了一通電話。她拿著話筒，一個字也沒說就掛了電話，繼續睡覺了。她不斷重複這個過程，做了好幾遍。你可以解釋一下為什麼嗎？

20. 古怪的發現

草坪上有一條乾掉的胡蘿蔔、幾顆鵝卵石和一頂舊帽子。你知道它們為什麼會出現在這裡嗎？

21. 汽車旅館旁的喇叭演奏會

仲夏，在風景如畫的加州海岸，有一家汽車旅館。旅館的所有房間都客滿了。一個男人走出他的房間，走向他的汽車，坐進去，按了一分鐘喇叭。然後他又走回汽車旅館。請你解釋一下他的行為。

22. 樓梯間的感應

一位女士從醫院樓梯上跑下來。樓梯間的燈光突然閃爍了一會兒，接著就熄滅了。就在這時，女士知道她的丈夫剛剛去世了。為什麼？

23. 買鞋致命

一位女士給自己買了一雙新鞋，並且穿著它們去上班。結果當天她就死了。為什麼？

答案
Lösungen

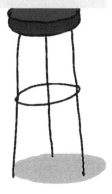

15. 請不要開槍！

有一個可能的解釋：很明顯，這個男人打嗝了。喝水可以幫助減緩打嗝，所以他走進這家酒吧，點了一杯水。然而酒保有一個更好的主意——用左輪手槍來嚇唬這位客人，這樣能抑止打嗝。不再打嗝的客人感謝他這個快速又有效的方法之後，安然走出酒吧。

16. 救救可憐的小鴨子

這一題的答案就跟本書大部分的答案一樣，出乎意料地簡單。你可以試試用沙子。沿著洞口的邊緣小心地灌進沙子，等到越來越多的沙子堆積在洞的底部，小鴨就可以踩著沙子，而你就可以伸手把牠撈出來了。

你也可以灌水到洞裡，至少小鴨子會游泳，應該可以安全地浮起來。

順帶一提，這道題目出自馬丁·加德納（Martin Gardner）的其中一本書。這位美國知名的謎題編創者，幾十年來在《科學人》（*Scientific American*）雜誌專欄中刊登了許多關於數字、紙牌、鐘錶和火柴的經典謎題。

17. 沙漠中的死人

　　有一群人想要搭熱氣球橫越沙漠，這個男人正是其中一人。途中，燃燒器出了問題，熱氣球持續下降。大家將吊籃裡所有可以丟棄的物品全丟出後，熱氣球還是持續下降，於是所有人決定抽籤，抽到最短一截火柴的人必須從吊籃裡跳出去。最後結果就是這個男人死在沙漠中央。

18. 奇怪的司機

　　這個男人是電台主持人，剛剛謀殺了他的妻子。為了製造自己的不在場證明，他提前錄製了節目。在他開車回家找妻子之前，他安排播放預先錄好的節目，作為不在場證明。然而在回電台的路上，他發現原本錄好的節目並沒有如預期地播放，顯然出了某些意外，他的計畫也就泡湯了。

19. 間歇性睡眠

　　這位女士是躺在飯店房間的床上，但這個房間的隔音很差，她總是被樓上住客的打呼聲吵醒。因為飯店的房號就是電話號碼，她知道自己正上方的房號是多少，於是打了電話過去，就是為了吵醒這個人，好讓他停止打呼。可惜沒過多久，打呼聲又會再次響起，她又被吵醒，不得不重新打電話。

20. 古怪的發現

這些是雪人融化後留下來的東西。

21. 汽車旅館旁的喇叭演奏會

此時已是深夜，所有人都已入睡。這個男人起床，去車裡拿一些東西，結果他發現自己忘記旅館房間的號碼了。他的妻子在房間裡睡著了，但是她失聰，什麼也聽不到。所以他按喇叭按了好一會兒，觀察每個房間的反應。其他房間裡的人醒來了，紛紛開了燈或者走向窗戶察看。而那個什麼反應都沒有的房間，就是他的房間。

22. 樓梯間的感應

這位女士的丈夫得了重病，只能依靠機器來維持生命，例如人工心肺機。停電的時候，她就知道她的丈夫活不成了，因為這些機器要有電才能維持運作。（這個解釋對現在的醫療體系已經不再適用。要是發生這種情況，醫院的電力系統會直接啟動備用發電機。）

23. 買鞋致命

　　這位女士是馬戲團飛刀表演者的助手。每次表演時,她都要背靠著牆壁,讓表演者向她投擲飛刀。平常她都穿著平底鞋,而這雙新的高跟鞋讓她增高了兩公分。不幸的是,擲飛刀的人一直到意外發生之後才注意到這個差別。

聰明與機智

發揮創意

　　經常解謎題的人，對於解開謎團的最佳方式會產生一種直覺。然而遇上某些問題，常用的解題技巧和邏輯都沒有用，這時就需要創新的想法。想要解決這一章的難題，你必須試著另闢蹊徑。

習題
Aufgaben

24. 貝洛的神奇走位

來做一道關於狗狗的題目吧！

小狗貝洛一看到男主人就會高興地飛奔而去，看到女主人時同樣會像飛箭一般追著她跑。只要男主人和女主人沒有站在一起，這隻狗就會在他們兩人之間跑來跑去。

某個美麗的春日，女主人下班打算騎自行車回家，剛好男主人也想要去接她。女主人騎著車從辦公室出發的時候，貝洛和男主人正好從家裡出發。從家裡到辦公室的路程距離為 10 公里。貝洛認得那條穿過城市公園的大路，知道女主人正朝著他們前進，於是牠立刻開始飛奔。

貝洛飛奔的速度是每小時 20 公里，男主人走路的速度為每小時 5 公里，女主人騎自行車的速度為每小時 15 公里。

當貝洛終於遇到騎著自行車迎面而來的女主人時，立刻掉頭飛奔回男主人身邊。抵達男主人的所在位置之後，牠又立即掉頭，再次跑到女主人身邊。貝洛就這樣不斷地來回奔跑，直至男女主人最後相遇。

貝洛瘋狂地來回跑了多長的路程？

提示：為了方便計算，我們假定這隻狗始終以每小時 20 公里的速度奔跑，而且沒有停頓。

25. 貓咪加速度

送走了前面那隻瘋狂的狗，來了一隻更瘋狂的貓。這隻貓想要從挪威北部的特羅姆瑟跑到奧斯陸，兩地距離 1800 公里。但這隻貓一點也不膽怯，因為牠的速度快得不可思議。

這隻貓非常喜歡加速，牠在自己的尾巴綁了一根繩子，繩子的另一端綁著金屬罐頭。當牠跳躍的時候，身後的罐頭就會碰到地面，發出噹啷聲。

每當這隻貓聽到噹啷聲，牠的速度就會瞬間加倍。牠每次跳躍的距離正好 1 公尺，即使跑得再快，這個跳躍的距離也不會改變。另外，除了忽略速度瞬間翻倍這件事，其他物理定律對這隻貓都適用。

貓咪在 9 點整以每小時 15 公里的速度從特羅姆瑟出發，牠會在幾點到達奧斯陸？

26. 數字填空

　　已知一排數列，請指出這排數列的空格處應該填上什麼數字。智力測驗經常出現這種類型的問題，下面這道題就是對你的分析與創新能力的再次檢驗。

發揮創意

　　表格裡缺了一個數字，這個數字是多少？

53	126	37
83	175	29
37	711	44
19	?	83

27. 哪個開關對應哪盞燈？

　　你獨自一人站在一棟房子的地下室，除了你，這棟房子裡沒有任何人。牆上有三個開關，三個都關著。你知道這三個開關可以打開二樓的三盞燈，可是你不知道哪個開關對應的是哪盞燈。你在地下室，看不到燈亮的情形。你只可以上樓一次，去查看一個或多個開關控制開燈的情況。

　　你該如何正確地將開關與燈配對呢？

28. 如何提防郵局裡的小偷？

　　赫伯特愛上了安格莉卡。雖然他們居住的地方相隔幾公里，但他們每天都會聊天、傳訊息。

　　赫伯特買了一枚非常漂亮的鑽石戒指，想要寄給安格莉卡。但是在郵局工作的某些人手腳不乾淨，他們會悄悄打開每個包裹，只要發現值錢的東西就會順手牽羊。他們連鑰匙也會拿走——也許之後還會用得上這些鑰匙呢！只有用鎖鎖住的箱子，這些小偷才拿它們沒轍。

　　赫伯特買了一個箱子、很多掛鎖以及配對的鑰匙。安格莉卡的地下室裡也有一個這樣的箱子，以及一些鎖和鑰匙。但是這兩個人遇到一個問題：他們各自的鑰匙只能打開自己的鎖，不能打開另一個人的鎖。

　　赫伯特和安格莉卡該怎樣做，才能讓郵寄的鑽石戒指不要被偷走呢？

29. 不可以吃掉馬

馬（騎士）在西洋棋中扮演著特別的角色，就算是強大的皇后也沒有像它那樣的走棋特徵。不過下面這道謎題的內容，與真正的西洋棋只沾得上一點邊。

在確保一步棋內不會有馬吃掉另外一匹馬的情況下，8×8規格的棋盤上最多可以放置多少匹馬？另外，請證明這個數值即是最大值。

提示：棋盤上每一格最多只能有一個棋子。

如果你不清楚馬的走法，它的走法呈現「日」字形，或是大寫的英文字母「L」——向前直走兩格，然後向左或向右移動一格。它只可以吃掉那些停在它移動落棋點上的棋子，途中經過的格子上的棋子則不會被吃掉。

30. 用最快的方法來比誰最慢

但願馬的問題你已經解決，你的下一個任務，是幫助兩個年輕男子爭奪財產。

有一個國王想要將財產留給兩個兒子的其中一個。他在遺囑中提出了一項要求：誰擁有最慢的馬，誰就能獲得全部的財產。他還指定了賽跑路段，馬必須從皇宮出發，經過一座橋，走到市中心再返回。

兩個兒子騎上了各自的馬，盡可能放慢速度走著。每當馬前進了一小步，就會被勒令停下。兩匹馬都停滯不前，過了很久還走不到一公里。他們很快就明白了，照這樣下去，這場比賽永遠不會結束。

這時正巧有一位智者經過，看到這兩個年輕人沮喪地騎在馬上，便問道：「你們為什麼騎著馬停在宮殿前面？」王子們向他解釋了情況，他們不知道該如何繼續比賽下去。

智者請兩兄弟下馬，與他們一起坐在宮殿前的長椅上。他勸說了一會兒，結果這兩個人跳上馬，飛快地奔向市中心。不過十分鐘，他們就回來了，遺產的繼承人也確定了。

這位智者對兄弟倆說了什麼？

31. 聰明的邏輯小矮人

邏輯小矮人生活在黑暗的洞穴裡，每個人要麼戴著白色帽子，要麼戴著黑色帽子。他們也不知道總共有多少人住在這山洞中。小矮人每年都有一次機會可以離開洞穴，執行一項任務。如果順利完成任務，他們就可以獲得自由；如果任務失敗，他們就必須回到黑暗的洞穴，等待隔年機會來臨。

今年的任務：小矮人得一個挨著一個排隊，戴著白色帽子的小矮人站一邊，戴著黑色帽子的小矮人站在另一邊。但是小矮人看不到自己帽子的顏色，除此之外，他們既不可以互相說話，也不可以用任何方式提示或相互告知帽子的顏色，例如用手和眼睛，還有使用鏡子之類的花招都不允許。

不過小矮人可以充分發揮他們的智慧和邏輯推理能力，而且他們幾乎立刻就完成了任務。

小矮人既不可以說話，也看不到自己的帽子，但他們還是依據帽子的顏色排成了一行，一邊是黑色，一邊是白色。他們究竟是如何做到的？

32. 分久必合：分數之和

　　我們上學的時候學過分數計算，老實說，我不覺得這是令人愉快的經驗。不過和其他所有專業領域一樣，數學也可以運用絕妙的竅門，讓分數計算變得更簡單。有了這些小竅門，解題變得有趣多了。在這裡舉一個絕妙的例子：

　　請計算出 999 個分母不同的分數之和。你有辦法做到嗎？

$$x = \frac{1}{1 \times 2} + \frac{1}{2 \times 3} + \frac{1}{3 \times 4} + \cdots + \frac{1}{998 \times 999} + \frac{1}{999 \times 1000}$$

　　規則：你不能使用計算機，也不可以使用 Excel 之類的試算表軟體來進行計算。

33. 有頭髮的柏林人

　　試證明至少有兩個柏林人頭髮數量正好一樣多。

34. 超重的小鋼珠

在「經典謎題」的章節裡有一道題，你只可以秤一次重量來找出超重的那盤巧克力片。下面這道題目可以算是同樣的問題，只是更難一些。

倉庫裡有五個裝滿小鋼珠的箱子。每顆鋼珠本該剛剛好 10 公克重。但是生產線出了紕漏，有一個甚至多個箱子裡的鋼珠每顆都是 11 公克，超重了 1 公克。

你的任務就是找出那些裝有 11 公克鋼珠的箱子。你可以隨意從箱子裡拿出鋼珠，愛拿多少就拿多少，但你只有一次機會可以使用電子秤。

你該如何找出那一個或多個裝有超重鋼珠的箱子？

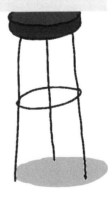

答案
Lösungen

24. 貝洛的神奇走位

貝洛總共跑了 10 公里。

如果你已經開始計算每一段路程，那麼你就是把這件事弄得比問題本身更複雜了。這一題的解題技巧，是通過時間來計算奔跑的路程。

男主人和女主人相遇要花多長時間？他們兩個加在一起，每小時會走 20 公里。因為從辦公室到家的距離是 10 公里，那麼他們恰好就會在半個小時之後相遇。貝洛每小時奔跑 20 公里，所以在這半個小時裡，牠正好跑了 10 公里。

一點也不難，對吧？

25. 貓咪加速度

這隻貓會在 9 點 56 分 15 秒時抵達奧斯陸。

貓咪每次跳出的距離為 1 公尺，而牠的速度也會隨之加倍，所以會從每小時 15 公里漸次遞增為 30、60、120 公里，以此類推。因此，在最初 11 公尺的路程中，牠的速度遞增為：

0~1 公尺：15 公里 / 小時

1~2 公尺：30 公里 / 小時

2~3 公尺：60 公里 / 小時

3~4 公尺：120 公里 / 小時

4~5 公尺：240 公里／小時

5~6 公尺：480 公里／小時

6~7 公尺：960 公里／小時

7~8 公尺：1920 公里／小時

8~9 公尺：3840 公里／小時

9~10 公尺：7680 公里／小時

10~11 公尺：15360 公里／小時

這隻貓的速度越來越快。熟練 Excel 試算表的人很快就會發現，當牠跳出 27 公尺後，牠的速度就已經超越光速了。當然，從物理學角度來說這是不可能的，而且牠在跑出光速之前早就停止加速了。題目說，每當貓聽到罐頭的聲響，牠的速度就會加倍。然而當速度超越音速時，就不可能再聽到噹啷聲，因為牠奔跑的速度已經比身後罐頭發出的聲波更快。

聲音在空氣中傳播的速度比每小時 1200 公里快一些。而貓咪在跑出 7 公尺之後，速度就已經達到每小時 1920 公里，並且在抵達奧斯陸前都會保持這個速度。

如果這隻貓以每小時 1920 公里的速度跑完 1800 公里，那麼牠需要 3375 秒的時間，也就是 56.25 分鐘。由於最初 7 公尺的加速過程大約只花了半秒，所以我們可以放心地忽略這非常微小的時間。

26. 數字填空

空格裡缺少的數字是 417。

仔細觀察這些數字，你會發現這個表格中藏著一個不太顯眼的規律。可以肯定的是，這個規律不是普通的數字相加。嘗試計算幾次之後，你終於發現，中間那一列的數字是通過以下計算而來：將左邊數字的十位數與右邊數字的個位數相加，寫下結果；然後將左邊數字的個位數與右邊數字的十位數相加，將這個數字寫在前面計算結果之後。

按照這個規律計算：

$1 + 3 = 4$

$9 + 8 = 17$

把兩個數字寫在一起，就會得到 417。

27. 哪個開關對應哪盞燈？

要是只有兩個開關和兩盞燈的話，這道題多簡單。你只需要打開一個開關，走上樓，亮著的那盞燈就是你剛才打開的那個開關操控的。但三個開關就行不通了——你必須上樓兩次。不過有一個小竅門可以幫助你找出正確配對。

開燈之後，電燈會變熱。你可以先打開一個開關，兩分鐘

後將這個開關關閉，再打開剩下兩個開關中的其中一個，然後迅速跑到二樓。溫熱但沒有亮的燈是由第一個打開的開關操控，亮著的燈由現在開著的開關操控，沒有亮且冰冷的燈則由剩下還沒打開的開關操控。解決了！

如果你認為只有老式燈泡才會發熱，那你就錯了。即使是節能燈和 LED 燈也會變熱，所以這個方法對新式燈泡也適用。

28. 如何提防郵局裡的小偷？

有一個方法可以讓赫伯特將珍貴的鑽石戒指寄給安格莉卡，而且不會被郵局的人偷走。不是寄鑰匙，因為無恥的小偷會用它來開鎖。赫伯特將會需要安格莉卡的協助。以下用圖畫展示這枚戒指是如何來到達安格莉卡手中。

1）赫伯特將戒指放進箱子裡，掛上他自己的一把鎖，然後將這個箱子寄給安格莉卡。

2）安格莉卡收到箱子，但她沒有鑰匙可以打開。於是她在同一個箱子上又掛上她自己的一把鎖（想要用這個方法，鎖扣

必須要夠大），然後將這個掛有兩把鎖的箱子寄回給赫伯特。

3）赫伯特打開自己的鎖，現在箱子上面就只剩安格莉卡的鎖了。他把箱子再次寄回給她。

4）安格莉卡用她的鑰匙打開箱子，拿到戒指。

還有另外一種解決辦法：安格莉卡用普通包裹將她的一把

未鎖上的鎖寄給赫伯特。赫伯特將戒指放進箱子裡，然後用這把鎖鎖上箱子，再寄給他的女朋友。不過這種方法只在兩種條件下可行：第一，這把鎖必須沒有鑰匙也能鎖上；第二，郵局的小偷不會從包裹裡拿走未鎖上的掛鎖。如果小偷很狡猾，他們可能會猜到安格莉卡和赫伯特的計畫而偷走掛鎖。

29. 不可以吃掉馬

在 8×8 規格的棋盤上最多可以放 32 匹馬。

首先我們來看一下馬是如何移動的。當它站在白色的格子上，下一步棋它就會落在黑色的格子上；當它站在黑色的格子上，下一步棋它會落在白色的格子上。所以，當我們將每個白色的格子都放上一匹馬，這些馬是絕對吃不到彼此的。在 8×8 規格的棋盤上有 32 個白色格子，也就是說可以放 32 匹馬。

接著，我們必須證明 32 匹馬已經是最大極限。

我們可以觀察棋盤的格局，擷取出部分的 4×2 格棋盤。

下圖的每個格子都對應了一個數字。不論這匹馬站在哪一個數字的格子上，都會威脅到另一個標有相同數字的格子，所以那一格不能放馬。

1	2	3	4
3	4	1	2

由此可得知，在 4×2 的棋盤格上最多可以安置 4 匹馬。

當我們將 8×8 規格的棋盤分成八份 4×2 規格的棋盤時，對整個棋盤來說，最多會有（4×8 =）32 匹馬。

30. 用最快的方法來比誰最慢

智者對兄弟倆說：「交換馬匹！」

就是這麼簡單。他們各自騎上對方的馬，以最快的速度向前疾行，這樣自己的馬就會是最慢的了。

31. 聰明的邏輯小矮人

第一個小矮人站在所有人的前面，第二個小矮人站在他旁

邊，剩下的小矮人再一個接一個站進隊伍中。若要根據帽子顏色完成分類，小矮人們必須遵守兩個規則：

1）如果這兩個小矮人的帽子是同一種顏色，新加入的小矮人就站在他倆的右邊或左邊。

2）當面前的小矮人已經分別戴著黑色和白色的帽子，新加入的小矮人就站在黑色帽子和白色帽子小矮人的中間。

這樣，小矮人就算完全不說一句話，也可以根據帽子的顏色來排隊。

32. 分久必合：分數之和

我們可以把題目中的分數換成以下寫法：

$$\frac{1}{a(a+1)} = \frac{1}{a} - \frac{1}{a+1}$$

將這個公式代入所有 999 個分數，就會從這 999 個分數中得到（2×999 =）1998 個新的分數。在加減符號交替計算下，會有 1996 個分數相互抵消：

$$x = \frac{1}{1} - \frac{1}{2} + \frac{1}{2} - \frac{1}{3} + \frac{1}{3} - \frac{1}{4} + \cdots + \frac{1}{998} - \frac{1}{999} + \frac{1}{999} - \frac{1}{1000}$$

最後只剩下兩個分數，即最前面的 $\frac{1}{1}$ 的和最後面的 $\frac{1}{1000}$。整個算式就變成：

$$x = \frac{1}{1} - \frac{1}{1000} = \frac{999}{1000}$$

我們就可以得到答案是 $\frac{999}{1000}$。

33. 有頭髮的柏林人

　　第一眼看這個問題，會覺得根本無法解答。難道我真的要去數一數柏林人的頭髮有多少根嗎？不，不需要。你只需要知道兩組數字。

　　有多少人在柏林生活？350 萬人。

　　一個人有多少根頭髮？從網路搜來的資料是 10 萬到 15 萬根頭髮，上限是 20 萬。

　　若居住在柏林的人少於 20 萬，那麼理論上每個人都可以擁有不一樣數量的頭髮，從 1 根至 20 萬根皆有可能。然而，柏林有超過 300 萬的居民，所以至少會有兩個（甚至更多）柏林人有著相同數量的頭髮。

　　數學家將這種方法稱為抽屜原理：利用抽屜來分配物體，當物體數量比抽屜數量多時，至少會有一個抽屜裡必須放進兩個物體。

34. 超重的小鋼珠

　　首先我們來試一下，在第一章經典謎題中找出超重巧克力

片的方法，在這裡是否也適用。我們從一號箱子裡拿出 1 顆鋼珠，二號箱子裡拿出 2 顆，三號箱子裡拿出 3 顆，四號箱子裡拿出 4 顆，五號箱子裡拿出 5 顆，然後把這 15 顆鋼珠一起放在秤上。

電子秤顯示的重量至少為（15×10 =）150 公克。若是 151 公克，那就是只有一號箱子裡的鋼珠超重。若顯示幕上為 153 公克，那就有兩種可能：要麼只有三號箱子裡的鋼珠超重，要麼就是一號和二號箱子裡的鋼珠都超重了。因為這一題可能會有多個箱子裡的鋼珠超重，這個方法很明顯行不通。

但是，如果我們改變從箱子裡取出的鋼珠數量，這個方法就行得通了。重點是每個箱子取出的鋼珠數量，得讓秤出來的數值能夠確切推算出這些鋼珠分屬於哪些盒子。如果用二次冪來解這一題，就可以成功。我們從各個箱子裡取出的鋼珠數量如下：

第一個箱子取出 2^0 = 1 顆鋼珠

第二個箱子取出 2^1 = 2 顆鋼珠

第三個箱子取出 2^2 = 4 顆鋼珠

第四個箱子取出 2^3 = 8 顆鋼珠

第五個箱子取出 2^4 = 16 顆鋼珠

我們將這 31 顆鋼珠放在秤上，然後減去基礎總重量，即（31×10 =）310 公克。最後得到的數字可以明確表示出超重的

鋼珠歸屬於哪個箱子。例如，若這個數字為 16，那就只有在五號箱子裡有超重的鋼珠。若數字為 15，那麼要找的超重鋼珠就在一到四號箱子裡，因為只有 1 + 2 + 4 + 8 = 15。

說謊者和囚犯

邏輯謎題

　　邏輯謎題是備受人們喜愛的類型之一。大家經常會用系統區分法來解開謎底，但有時解題也需要新意，例如要猜自己帽子的顏色，或是想從實話和謊言中理出頭緒。

習題
Aufgaben

35. 誰是小偷？

如果我們所有人都只講真話，生活會更簡單吧？心理學家對此保持懷疑，他們認為謊言是社會的黏合劑。老實說，誰想要無時無刻接收毫無修飾的真心話？人們當然更喜愛恭維和連哄帶騙的讚揚。

此外，在邏輯愛好者的眼中，謊言可以造福社會，因為它們是許多有趣謎題不可或缺的一部分。就像下面這道題目：

博物館裡有一幅珍貴的畫被偷了。從監視錄影帶可以隱約看見有一個人，顯然這個小偷是獨自作案。

員警抓住了四個嫌疑犯進行訊問，只有一個人說了真話，另外三個人都說了謊話。供詞如下：

A：我沒有偷畫。
B：A 在說謊！
C：B 在說謊！
D：畫是 B 偷的。

請問是哪三個人在說謊？你知道是誰偷走了那幅畫嗎？

36. 找出說謊者

讓我們繼續探究那些不說真話的人。

前面一題預先確知了有多少人在說謊，這一題則沒有。

四個奇怪的男人聚在一起，每個人說了一句話：

人物 1：「我們當中有一個人在說謊。」

人物 2：「我們當中有兩個人在說謊。」

人物 3：「我們當中有三個人在說謊。」

人物 4：「我們四個人都在說謊。」

請問誰說的是真話，誰說的是謊話？

提示：假定這些人要麼只說真話，要麼只說假話，沒有模稜兩可。

37. 三個邏輯學家去酒吧

　　邏輯思維嚴謹的人時常會說出一些有趣的話，導致這一題的酒保在接單之前還得先仔細思考一下。因為這道謎題的三個主角正是邏輯學的專家，他們總是用邏輯上非常完美但聽起來很奇怪的話互相打趣。

　　這三個喜歡動腦思考的邏輯學家打算下班後一起喝一杯。他們走進一間酒吧，服務生立刻上前招呼：「每個人都來杯啤酒，如何？」但這三個人的回答讓他不知如何是好。

　　第一個人說：「我不知道。」

　　第二個人說：「我也不知道。」

　　第三個人笑顏逐開地說：「好的！」

　　服務生到底該給他們端上多少杯啤酒呢？

38. 足球協會的問卷調查

有一個奇怪的村莊，這裡的村民要麼是說謊者，要麼就只會說真話。每個村民都是足球協會 A、B、C、D 其中一個的支持者。一所民調機構向村莊裡 250 個人問了以下四個問題：

1）你是 A 隊的支持者嗎？

2）你是 B 隊的支持者嗎？

3）你是 C 隊的支持者嗎？

4）你是 D 隊的支持者嗎？

第一個問題有 90 人回答「是」，第二個問題有 100 人回答「是」，第三和第四個問題各有 80 人回答「是」。

你知道這個村莊裡有多少個說謊者嗎？

39. 說謊的人和誠實的人

　　男人遇上了船難，漂流到一座小島。小島上住著說謊的人和誠實的人。若想找出可以說真話的人，該怎麼做呢？

　　此時天上下著雨，海浪翻騰。男人隱約看到島上有三個人影，但他不知道誰是說謊者，誰不是。

　　為了搞清楚這三人之中誰是誠實的，男人向左邊那個人呼喊：「你是一個什麼樣的人？」但是答案被狂風吹散了。

　　男人又對著中間的人呼喊：「請告訴我第一個人說了什麼？」他聽到了回答：「我是一個誠實的人。」

　　現在他朝向右邊那個人的方向呼喊：「你是一個什麼樣的人？其他人又是什麼樣的人？」被問者大喊：「我是一個誠實的人，另外兩個人都是說謊者。」

　　遇難的男人應該相信誰？

40. 島上的說謊者

這是一道經典邏輯謎題，它的難度也很經典。系統區分法可以解決許多邏輯問題，在這裡卻不適用。解這道題更需要的是你的創造力。

你現在人在一座島上。島上有兩個部落，一個部落的人總是說真話，另一個部落的人總是說假話。他們在外表上並沒有什麼不同，所以你無法分辨某個人究竟是不是說謊部落的人。

你正要往島上的宮殿走去，遇到一個三岔路口。路口立著兩塊路牌，上都寫著「宮殿」，但是卻指向不同的方向。顯然有人開了個玩笑。你從曾經到訪過的遊客那裡得知，島上只有一條路通往宮殿。還好，岔路口坐著一個男人，他是島上的居民。你打算向他問路，但你不知道他來自哪個部落。

如果你只可以問他一個問題，該怎麼問才能讓你順利找到正確的路呢？

解題提示：通常，你可以問這個男人「一加一等於多少」，從他的回答你就可以知道他是不是說謊者，因為說謊者不會回答「二」。然後你就可以安心問路了。說謊者會將你指引到錯誤的方向，你只要直接走另一條路即可。

但這一題並不是這樣解的，因為你只能問一個問題。

這道謎題的困難點在於，說謊和說真話的人對幾乎所有的問題都會有不同的答案。因為你不知道這個男人屬於哪個部落，你就沒辦法利用這些問題達到目的。因此，你需要的是讓這兩種人回答出同樣的答案。這種問法實際上是存在的！

41. 一個旅行者、兩個問題、三個幽靈

　　回答上一題已經夠難的了，下面這道題更複雜，不僅有說謊的幽靈和誠實的幽靈，還有時而說謊，時而說真話的幽靈。

　　天色已晚，一個旅行者走在路上，正在尋找旅店。當他走到岔路口時，看見前方飄著三個幽靈。每個幽靈對於說真話這件事都有不同的見解。白日幽靈只說真話，黑夜幽靈只說假話，黃昏幽靈則根據興趣和心情時而說真話，時而說假話。

　　這三隻幽靈看起來都一樣，無法分辨誰是誰。旅行者只有兩次提問的機會，要麼向同一個幽靈提兩個問題，要麼向兩個不同的幽靈各提一個問題。

　　旅行者該怎麼問，才能找到正確的路？

解題提示：如果這些幽靈只會說謊話或真話，那麼就像上一題，僅需提出一個能讓說謊者和說真話者回答出相同答案的問題就夠了。這個問題可以是：「其他和你不同類型的幽靈會讓我走哪條路？」白日幽靈會指向錯誤的道路，同樣地，黑夜幽靈也是。旅行者只要走另一條道路即可。

然而這道謎題還有黃昏幽靈，它的回答不知真假，讓事情變得更複雜了。不過，這次你可以提兩個問題，至少可以用一個問題來解決這種不確定性。

顯然，旅行者無論向哪一個幽靈提問都無所謂，因為它們看起來都一樣。

旅行者可以提兩個問題，所以第一個問題的回答很可能決定了第二個問題該問哪一個幽靈。

最重要的是，旅行者必須好好利用第一個問題，以確保第二個問題的提問對象不會是黃昏幽靈，因為對方狡猾的回答是不可能幫上忙的。所以關鍵在於利用第一個問題來識別出一隻或兩隻不是黃昏幽靈的幽靈。

這樣有幫助到你了嗎？

42. 五頂帽子和三個囚犯

在童話故事裡，常會在緊要關頭出現善良的仙女來拯救大家。然而下面這一題得靠邏輯才能走出困境。

有三個男人因為參與多起銀行搶劫案，被判終身監禁在牢房中。他們早已放棄自由生活的希望。但是新上任的典獄長同意給他們一次減刑的機會，只要這三人之中至少有一個人可以正確說出自己帽子的顏色。

典獄長知道，這三個人都是高智商罪犯。他命人帶來兩頂黑色帽子和三頂白色帽子，並且從中挑選了三頂帽子給這三個囚犯戴上。囚犯們看不到自己的帽子，但是能看到同伴的。他們不能相互說話，或是以其他任何方式告知對方帽子的顏色。

典獄長將這三個囚犯帶到自己面前，一個一個問他們頭頂的帽子顏色。被問的人只能說出一種顏色，或者說：「我不知道。」這三人之中只要有一人說出了正確的顏色，且其他人也

沒有說出錯誤的顏色，他們就能減刑。

　　典獄長想要提高這道題目的難度，所以給這三個囚犯都戴上了白色帽子。

　　典獄長問第一個囚犯：「你戴的是什麼顏色的帽子？」囚犯回答：「我不知道。」第二個囚犯也回答：「我不知道。」現在輪到最後一個囚犯了，他思考了一分鐘，然後說出了正確答案：「白色。」

　　第三個囚犯是怎麼知道自己戴著白色帽子的？

43. 拯救藍色小精靈

五十年前，比利時漫畫家皮耶爾·居里福爾（Pierre Culliford）創造出了《藍色小精靈》。故事中有一個壞巫師賈不妙，他總是想要對藍色小精靈做些壞事。接下來這一題的主角就是賈不妙和一百個藍色小精靈。

這道題是某個當老師的讀者提供的。他說：「這個題目讓我的許多學生感到絕望。那些聰明的學生最後還是解出答案了，不過花了不少時間。」你要不要也來試試看呢？

賈不妙抓了一百個藍色小精靈。他將每個小精靈都關押在單獨的小房間裡，讓他們無法相互交流。

第一天，賈不妙將一百個藍色小精靈帶到一個大廳。大廳的天花板上懸掛著一個燈泡。

他對藍色小精靈說：「沒有人可以逃出這座牢房，但是我可以給你們一次機會，讓你們重獲自由。從明天起，我每天都會從你們當中隨機選擇一個人，把他從小房間帶到這個大廳。被選中的人可以打開或關閉燈的開關一次，也可以選擇不做任何事情，由他自己決定。然後我會帶這個人回到他自己的小房間。」

這些被囚禁的藍色小精靈滿臉疑惑，他們猜不透賈不妙到底想要做什麼。

賈不妙繼續說：「直到有一天，當你們之中的某個人被帶來大廳，並且知道了所有人都已經至少來過大廳一次，這個時

候他就必須告訴我。這樣的話，你們所有人都會被釋放。但如果這個人弄錯了，你們所有人都必須死！」

現在這些藍色小精靈更疑惑了。這該怎麼辦呢？

賈不妙下了最後通牒：「你們現在可以在這個大廳裡待一會兒，商量一下。我已經把大廳的燈打開了。一小時後，當你們被帶回小房間，它還會繼續亮著。接下來你們就再也見不到彼此了！」

幸運的是，藍色小精靈比賈不妙更聰明。他們想出策略，獲得了自由。請問藍色小精靈是怎麼做到的呢？

44. 運用邏輯拯救工作

　　金庫裡沒錢了，國王必須省吃儉用。但他不想放棄奢華的慶典和他的馬場，於是打算解僱十個邏輯學家。這些邏輯學家一直以來為國王出了不少主意，雖然大多數都是國王在下西洋棋的時候。國王對他們的聰明腦袋印象深刻，決定再給他們一次表現的機會，贏回這份薪水豐厚的輔佐工作。

　　他們必須完成以下任務：「你們按照身高站成一排。最高的站左邊，最矮的站右邊。每個人都面朝最矮的人的方向，不可以轉身，也不可以走出隊伍。我會給每個人戴上一頂黑色或白色的帽子。你們看不見自己的帽子，只能看見站在你們前面的人的帽子。從左邊高的人開始，每個人都要說出自己帽子的顏色，而且只能說『黑色』或『白色』。」

十個邏輯學家一時間沒了主意。這該怎麼辦？

「你們有五分鐘的時間可以相互討論，時間一到，你們就必須列隊站好，戴上帽子。如果十人之中有九人說出正確的顏色，你們就可以繼續留在皇宮為我效力。」

十個邏輯學家商量了兩分鐘後就準備好了。他們完成了任務並挽回了自己的工作。他們是如何做到的？

45. 被難倒的智者

有一個非常聰明的女性邏輯學家和一個充滿智慧的男性，他們每天下午都在一起喝茶、聊天、相互打賭，或者想一些小遊戲來玩。

邏輯學家想要難倒這位智者，她嘗試過很多次，至今沒能成功。也許是因為這位智者什麼都知道，而且每個問題都會如實回答。

某個下午，邏輯學家想出一個主意。她向智者提出一個特別的問題，而對方只可以回答「會」或「不會」。即使他無所不知，也沒能成功給出回答。

請問邏輯學家問了什麼樣的問題？

46. 桌旁的說謊者

很多人圍坐在一張橢圓形桌子旁邊，這些人一部分是說謊者，另一部分的人只說真話。在場的每個人都說坐在自己兩側的人都是說謊者。其中一個女人說：「我們正好有 11 個人。」另一個男士笑說：「她在說謊。我們有 10 個人！」

這張桌子總共坐了幾個人？其中又有多少人是說謊者？

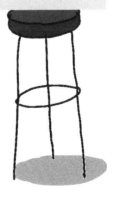

答案
Lösungen

35. 誰是小偷？

B 是唯一說真話的人，A 就是我們要找的小偷。

解答這類型的邏輯謎題，可以用「真值表」列出所有可能的情況。表格填好之後，我們再來檢驗每種情況有沒有矛盾。下面用具體例子來解釋如何運用真值表。

在這四個嫌疑人當中，只有一個人說了真話。我們必須區分四種不同的情況：

	情況 1	情況 2	情況 3	情況 4
A	真話	說謊者	說謊者	說謊者
B	說謊者	真話	說謊者	說謊者
C	說謊者	說謊者	真話	說謊者
D	說謊者	說謊者	說謊者	真話

我們現在來檢驗哪一個情況沒有矛盾。不過也有可能出現多個情況都沒有矛盾的情形，那就代表這道題目沒有明確的答案。讓我們複習一下這四句供詞：

A：我沒有偷畫。

B：A 在說謊！

C：B 在說謊！

D：畫是 B 偷的。

情況一：B 和 C 都是說謊者，但是 C 說 B 在說謊。若這句供詞是真話，那 C 就不是說謊者。這個情況就互相矛盾了。

情況二：因為 A 說謊了，那麼 A 就是小偷。另外三個嫌疑人的供詞並不矛盾，也就是說，只有 B 說了真話。

情況三：A 和 B 都是說謊者，但是 B 說 A 在說謊，那這句供詞就變成了真話。這個情況就互相矛盾。

情況四：同上，如果 A 和 B 都是說謊者，B 的供詞就會存在不可解的矛盾。

36. 找出說謊者

人物 3 是唯一說真話的人，其他人都在撒謊。

為了方便解題，我們再次重複題目中的這四句話：

人物 1：「我們當中的一個人在說謊。」
人物 2：「我們當中的兩個人在說謊。」
人物 3：「我們當中的三個人在說謊。」
人物 4：「我們四個人都在說謊。」

你可以將所有可能的情況逐個列出來分析。例如人物 1 說謊了，其他人都沒有說謊，這樣的設定能符合上面四句話嗎？又或者人物 1 和人物 2 都說謊了，其他兩人則沒有。無論如何，用這種方法最後都能找到答案，但需要花費一些功夫，因

為你必須列出十六種可能的情況。

所以這一題，直接比較這些句子更快一些。

由於這四個男人的話互相矛盾，因此可以排除有一個以上的人在說真話。也就是說，要麼三個人在說謊，要麼四個人都在說謊。如此一來，需要列點分析的情況明顯減少了。

我們來探究第二種情況：所有人都撒謊了。這會導致邏輯矛盾，因為如果是這樣，那人物 4 的話就不是謊言，而是真話了。如此一來，人物 4 就不是說謊者，這與他所說的「我們四個人都在說謊」互相矛盾。所以這種情況不存在。

最後只剩下三個人在說謊的情況，那麼人物 3 就是唯一在說真話的人，這也是唯一可能的答案。

37. 三個邏輯學家去酒吧

服務生需要端上三杯啤酒，給每個邏輯學家一杯。

這三個人在踏進酒吧前，顯然沒有討論過要喝什麼，所以面對服務生的問題：「每個人都來杯啤酒，如何？」第一個人說：「我不知道。」可知他必定想給自己點杯啤酒，否則他就會回答「不」。因為這個服務生的意思是：「你們所有人都來一杯啤酒嗎？」然而第一個邏輯學家並不知道其他人想喝什麼，他只能回答：「我不知道。」

第二個邏輯學家也是相似的情況。雖然他現在知道第一個邏輯學家想要一杯啤酒，但是第三個邏輯學家也想要啤酒嗎？

所以第二個人回答「不知道」，至少透露了他想要給自己來一杯啤酒，否則他就會回答「不」。

輪到第三個邏輯學家，他從兩個同伴的回答中得知這兩個人都想要來杯啤酒。他回答：「好的！」表示他也想給自己來一杯啤酒。

這樣就清楚了，他們每個人都要來一杯啤酒。

38. 足球協會的問卷調查

在這個村子的 250 個人之中，有 50 個說謊者和 200 個只說真話的人。

為了找出答案，我們需要知道說謊者和說真話的人會如何回答這四個問題：

1）你是 A 隊的支持者嗎？
2）你是 B 隊的支持者嗎？
3）你是 C 隊的支持者嗎？
4）你是 D 隊的支持者嗎？

說真話的人會對其中一個問題回答「是」（因為他支持四隊其中一隊），對其他三個問題回答「不是」。

說謊者恰好相反，只會回答一次「不是」（問到他支持的球隊時），回答三次「是」（問到他不支持的那些球隊時）。

我們總結一下：每個說真話的人會給出一次肯定的回答，每個說謊者會給出三次肯定的回答。

由此，我們假設 w 是說真話者的人數，l 是說謊者的人數，那麼回答「是」的總人數就是 w + 3l，而這個數字很簡單就能計算出來：

1）你是 A 隊的支持者嗎？有 90 個人回答「是」。

2）你是 B 隊的支持者嗎？有 100 個人回答「是」。

3）你是 C 隊的支持者嗎？有 80 個人回答「是」。

4）你是 D 隊的支持者嗎？有 80 個人回答「是」。

另外，村莊裡有 250 個居民，我們可以得知 w + l = 250。由此可以列出以下方程組：

w + l = 250

w + 3l = 350

計算之後，求出解答為 l = 50。村莊裡有 50 個說謊者。

39. 說謊的人和誠實的人

這個遇難的男人可以相信島上中間的那個人。

左邊第一個被問的人是哪一類其實無所謂，因為他總是會

回答：「我是一個誠實的人。」為什麼？如果他真的是誠實的人，那麼他說的就是真話。如果他是一個說謊者，那麼他說自己誠實就是在說謊。

由此可知，無論如何，中間的人說的都是真話，代表他是誠實的人。而右邊的人就是說謊者。因為他說自己是誠實的，其他兩個人都是說謊者。這樣一來，我們就知道中間的人可以相信，右邊的人不可以相信。

只可惜我們無法判斷左邊的人，他可能是說謊者，也可能是誠實的人。為什麼會這樣呢？因為右邊的人說：「另外兩個人都是說謊者。」當左邊和中間都是誠實的人，這句話就是謊言；當中間是誠實的而左邊的人在說謊，嚴格來講，這句話仍然是謊言。

40. 島上的說謊者

你應該問：「若我想要去宮殿，和你不同部落的人會為我指引哪條路？」

如果你面前的是一個說謊者，他就會給你指向錯誤的道路；因為說真話者會指向正確的道路，所以說謊者就會指向錯誤的道路。

假如這個人來自說真話的部落，那他同樣也會指向錯誤的路；因為這就是說謊者的回答，說真話者只是複述而已。

所以，當你問這個問題，不管這個人是屬於哪個部落，他

都會為你指引錯誤的道路。你只需選擇另一條道路，就能如願以償抵達宮殿。

41. 一個旅行者、兩個問題、三個幽靈

旅行者應該提出的第一個問題是：「另外兩隻幽靈之中，哪一隻更有可能說真話？」

對此答案，我們需要區分三種情況：

1）問白日幽靈，答案會指向黃昏幽靈。

2）問黑夜幽靈，正確的答案應該是白日幽靈。然而黑夜幽靈只說假話，所以答案也會指向黃昏幽靈。

3）問黃昏幽靈，正確的答案應該是白日幽靈。然而黃昏幽靈有時會說謊，所以答案可能會指向白日幽靈，也可能會指向黑夜幽靈。

現在該怎麼辦？仔細看這些答案，你就會發現，黃昏幽靈要麼是被詢問的幽靈（情況三），要麼就是被指向的幽靈（情況一和情況二）。

但是，除了被問的幽靈和被指向的幽靈之外，還有第三個幽靈。旅行者只要向這第三個幽靈提出第二個問題就可以了。它要麼是黑夜幽靈，要麼是白日幽靈。

第二個問題有些複雜：「當我詢問去旅館的路時，另外兩

隻幽靈之中，除了黃昏幽靈之外的幽靈會將我指向哪裡？」

這裡需要區分兩種情況：

1）如果提問對象是白日幽靈，那另外一個不是黃昏幽靈的幽靈就是黑夜幽靈。黑夜幽靈會指向錯誤的道路，白日幽靈就會因為要說出這個答案而指向錯誤的道路。

2）如果提問對象是黑夜幽靈，那另外一個不是黃昏幽靈的幽靈就是白日幽靈。白日幽靈會指向正確的道路，只會說謊的黑夜幽靈就會因此指向錯誤的道路。

總結：在上述兩種情況，不論是問到哪一個幽靈，它們都會指向錯誤的方向。旅行者只要選另一條路走，就可以直接到達旅館了。

42. 五頂帽子和三個囚犯

這三個囚犯的囚服號碼分別是 111、222、333。最後一個被問的囚犯穿著 333 號囚服，他看到兩個同伴頭上戴著白色帽子，而他自己可能戴著一頂黑色或白色帽子。顯然，他從囚犯 111 號和 222 號的回答中推理出答案是白色帽子。

為了理解這背後的邏輯，我們必須從每個囚犯的角度來思考，同時還要考慮到每個人可以利用的資訊。

從囚犯 333 號的角度來看，至少 111 號和 222 號的帽子顏

色確定是白色的，而他自己的帽子要麼是黑色，要麼是白色。現在我們來更仔細地看看這些情況。

情況一：囚犯 333 號的帽子是白色的。

囚犯 111 號看到了兩頂白色帽子，那麼他的帽子顏色可能是白色，也可能是黑色。所以按照邏輯，他說：「我不知道。」

囚犯 222 號同樣看到了兩頂白色帽子，而他自己可能戴著白色或黑色的帽子。反推回去，111 號要麼看到了兩頂白色帽子，要麼看到了一頂白色和一頂黑色帽子。無論是哪一種情況，問 111 號的帽子是什麼顏色時，他都會回答：「我不知道。」而 111 號的回答沒辦法提供任何線索給 222 號，因此 222 號同樣回答：「我不知道。」

雖然目前還不知道 333 號的帽子是什麼顏色，但 111 號和 222 號給出的答案與「囚犯 333 號頭戴白色帽子」的情況沒有互相矛盾。然而這些條件並不能夠證明什麼，我們必須再看另一種情況。

情況二：囚犯 333 號的帽子是黑色的。

囚犯 111 號看到了一頂白色帽子和一頂黑色帽子，那麼他的帽子顏色可能是白色，也可能是黑色。所以按照邏輯，他說：「我不知道。」

囚犯 222 號同樣看到一頂白色帽子（111 號）和一頂黑色帽子（333 號）。從 111 號的回答反推回去，222 號得知自己頭上戴了一頂白色帽子。因為要是他的帽子是黑色的，那麼 111 號就會看到兩頂黑色帽子。黑色帽子只有兩頂，那麼 111 號就會回答自己的帽子是白色的，但他卻沒有這麼說，所以 222 號確定自己的帽子是白色的。

然而囚犯 222 號並沒有回答「白色」，而是說「我不知道」。由此得出，333 號沒有戴黑色的帽子，否則 222 號會知道自己帽子的顏色。

我們證明了情況二與囚犯 111 號和 222 號的回答不符，那麼 333 號的帽子就只有可能是白色的了。

43. 拯救藍色小精靈

從被囚禁的藍色小精靈選出了一個負責計數的人，並且約定除了計數者之外，所有藍色小精靈在進入這個大廳時，只要燈是亮的，就什麼都不能做。反之，若燈是暗的，就要打開開關——但只有第一次走進黑暗的大廳時才能打開開關——而每個藍色小精靈只能開一次燈。

計數者則有另外的要求：只要燈開著，他就得關掉燈。反之，若進入大廳時一片漆黑，他就什麼都不做。計數者還必須記住自己已經關了多少次燈，當他第一百次按下開關時，就能確定其他九十九個藍色小精靈都已經來過大廳至少一次。

44. 運用邏輯拯救工作

　　左邊最高的邏輯學家雖然無法判斷自己帽子的顏色，但他可以為其他九人提供有用的提示。困難點在於，他跟其他人一樣，只可以說「黑色」或「白色」。如果他能說出數字，例如他看到的黑色帽子的數量，那麼事情就簡單了。他究竟可以用「黑色」或「白色」這兩個詞做出什麼有用的提示呢？

　　當他看到站在他前面的九個人戴的黑色帽子是奇數，他就說「黑色」。反之，若這個數字為偶數，他就說「白色」。

　　他所說的話與自己帽子的顏色沒有關係，反正他也看不見。但他可以幫助其他九個邏輯學家正確地說出他們自己的帽子顏色。想知道是怎麼辦到的？請見下圖：

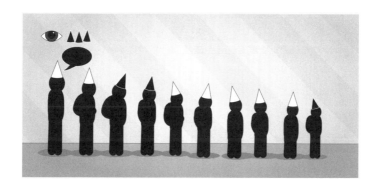

　　左邊最高的邏輯學家看到三頂黑色帽子，是奇數，於是他說「黑色」。若數字為偶數，他會說「白色」。

　　這時，左邊第二高的人就會知道，他身後的人看到奇數頂黑色帽子。如果他自己同樣看到了奇數頂黑色帽子，也就是三頂，那麼他一定是戴了白色帽子，於是他就說出「白色」。

　　第三個人只看到了兩頂黑色帽子，是偶數。他身後的人看到的是奇數頂帽子，由此他得出自己戴了一頂黑色帽子，就說了「黑色」。其他所有人可以由此推斷出，在七個較矮的人裡面，黑色帽子的數量一定是偶數。

　　左邊第四個人看到的是一頂黑色帽子，是奇數。然而他身後的人看到的是偶數頂黑色帽子，於是第四個人意識到自己戴了一頂黑色帽子，並說出「黑色」。由此可知，在六個較矮的人之中，黑色帽子的數量又變回奇數了。

　　左邊第五個人發現他前面有一頂黑色帽子，是奇數。他身後的人也看到了奇數頂黑色帽子，於是第五個人知道自己的帽子是白色的。

第六個人的情況與此類似。他同樣也會說「白色」。

第七個人同上。

第八個人也同上。

第九個人同樣說「白色」。

　　十個人當中最矮的邏輯學家在仔細聽了所有人說的話之後，他得知在他身後的五個人看到的是奇數頂黑色帽子，而這五個人戴的都是白色帽子，那麼他自己的帽子必定是黑色的。這樣，十個人之中就有九個人說出了正確的帽子顏色。

45. 被難倒的智者

　　這道題的答案其實可以是各種各樣的問題，但這些問題都

有相似的性質。

　　我建議的「答案」是：「關於這個問題，你會回答『不會』嗎？」

　　若是智者回答「不會」，同時也是在否定會用「不會」來回答，這下就自相矛盾了。相反地，他若回答「會」，同樣也會產生矛盾，因為這個男人用「會」來確認他將回答「不會」，但他並沒有回答「不會」。

　　上述問題其實與說謊者悖論緊密相關。當有一個人說「我在說謊」時，那麼他就落入了矛盾之中。問題點在於，這句話的內容關係到說出這句話的人。假設這個人就是在說謊，他反而不能說出這句話，因為一說出來，這句話就不是謊言了。

　　相反地，要是此刻他說的是真話，代表他沒有撒謊，同樣會讓他落入自相矛盾的情況，因為這下子「我在說謊」這句話就不符合事實了。

　　根據這樣的邏輯，「這句話是假的」這個句子也是一個說謊者悖論。在這裡，這句話的內容關係到句子本身。

　　《明鏡週刊》網站的讀者在回答這個題目時，提供了其他的建議。例如提出「明天會下雨嗎」這種涉及未來事件的問題，或者「這隻動物會在兩個月後死掉嗎」這類帶有「薛丁格的貓」思想實驗性質的問題。嚴格說起來，這位智者應該是什麼都知道的，但是他卻回答不了這類問題。

　　還有一個更好玩的問法：「當你說謊時，你會臉紅嗎？」某位讀者這樣解釋，因為這為智者從來沒有說過謊，既然如

此，他就不可能知道實際的答案。若他回答「我不知道」，那他就失去了知曉萬事的名望。

46. 桌旁的說謊者

總共有 10 個人，其中 5 個是說謊者，5 個是說真話者。

為什麼呢？由於每個人都說自己的鄰座是說謊者，那麼挨著坐的兩個人之中至少有一個是說謊者，另一個為說真話者。

說謊者說他的鄰座說謊，然而他的鄰座是說真話的人（這就是說謊了）；而說真話的人又表明他的鄰座說謊了（符合實際），因此說謊者和說真話者是交替而坐。又因為桌子是橢圓形，每個人都有兩個鄰座，所以總人數是偶數。見下圖：

若總人數是奇數，就一定會有兩個坐在一起的人要麼都說謊話，要麼都說真話。但這就和他們自己的敘述互相矛盾了。

那麼，究竟有多少人圍坐在桌旁？一個女人說桌旁坐有 11 個人，她顯然是說謊者，因為 11 是奇數。反之，男人說的是真話，他指出個女人說的是謊話，所以桌旁應該有 10 個人。

瓷磚和圓圈

直觀幾何題

　　唯有經歷過原地轉圈、毫無進展，才能突破盲點，勇往直前、邁向勝利。生活中處處都可以看到幾何學，如此直觀，看起來就像美麗的圖騰。當你這麼想的時候，解幾何謎題的過程也許會更簡單一些。但這個方法也不是每次都奏效啦！

習題
Aufgaben

47. 調皮的螺旋線

本章開頭第一個問題就要花費不少功夫喔！

有一個細長的圓柱體，長 10 公分，直徑 1 公分。圓柱體上面畫了一條線，這條線從上到下均勻地螺旋纏繞著圓柱體，正好繞了五圈。

請問這條線有多長？

解題提示：你可能會認為，要解開這題需要非常強大的三維空間概念，然而就像開頭說過的，我們可以把問題簡單化，不要想得太複雜了。

48. 一個正方形＝兩個正方形

　　兩個兄弟一起繼承了一塊正方形板，兩人都想將這塊板據為己有，但那是不可能的。這塊好東西是否可以巧妙地被拆分開來，讓每個人都能得到自己的一塊正方形板呢？

　　這塊板由 5×5 塊彩色瓷磚組成，每塊瓷磚中間都畫著一朵花。為了不破壞這 25 塊磁磚，只能沿著瓷磚的邊線鋸開，而且切割的次數越少越好。

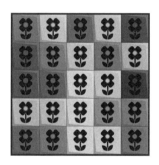

　　這對兄弟當然知道，要想完整利用這 25 塊瓷磚，只能分成兩個大小不同的正方形：一個由 9 塊（3×3）磁磚組成，另一個由 16 塊（4×4）磁磚組成，加起來就是 25 塊（5×5）。

　　請將這塊板重新組合成兩個正方形，切割次數越少越好。重組的時候，磁磚中央的鮮花不可以倒過來，所有磁磚都要同一個方向。

49. 認命數地磚？

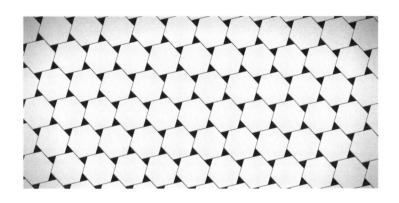

由三角形和六邊形組成的地磚，多麼漂亮的圖案！

請你想像一下，你現在站在一個無邊無際的大房間裡，地板上鋪滿了這種圖案的瓷磚。黑色三角形都是邊長相等的正三角形，白色六邊形也都是邊長相等的正六邊形。三角形的邊長正好是六邊形邊長的一半。

請你觀察上圖鋪了瓷磚的地板：黑色佔整體面積的比例是多少？

提示：為了簡單起見，我們忽略掉瓷磚之間的縫隙，也就是縫隙寬度為零。

50. 圈圈圓圓圈圈

　　至少需要多少個半徑為 1 的圓片，才能將半徑為 2 的圓片完全覆蓋？

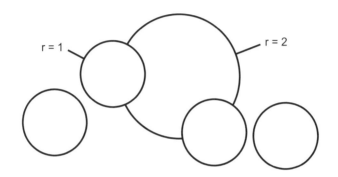

51. 再塞一個球進去

　　已知一個立方體的邊長為 a，其內部包含一個半徑為 $\frac{a}{2}$ 的大球。球體的中心正好位於立方體的中心。現在要從頂點處放一個小球進去立方體的內部，這個小球剛好能夠碰到匯於同一個頂點的三個面，也能碰到大球的表面。

　　這個小球的半徑是多少？

52. 兩個角錐的貼面禮

　　一九八〇年十月，如往年一樣，美國有上百萬的高中生參加了全國優秀學生獎學金資格考試（PSAT）。關於這場考試，至今仍有許多爭論。從過去到現在，這個考試的分數對於申請夢寐以求的大學獎學金影響甚鉅。下面這道幾何題就是這次試題中特別棘手的題目之一。

　　已知有兩個角錐，其中一個的底面為三角形，也就是所謂的正四面體。另一個角錐的底面為正方形，四個三角形側面都是同樣大小，所以這個幾何體有五個表面。

　　兩個角錐所有的邊都一樣長，也就是正四面體的三角形 ABC 正好與另一個角錐的三角形 EFG 相同。把這兩個面精確地彼此貼合，就可以將這兩個角錐拼在一起。

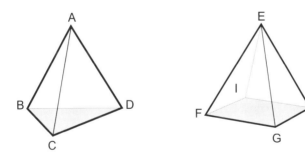

　　問題：由此組成的新立方體有多少個表面？5 個、6 個、7 個、8 個，還是 9 個？

53. 農夫、樹、三角形草場

　　人們經常為了遺產爭論不休。有時候，幾何知識也可以用
來解決這類的問題，讓每個繼承者心服口服地取得共識。

　　某個農夫想要將一片草場留給他的兩個孩子，讓兒子和女
兒都可以分到這塊三角形土地的一半。

　　然而這時出現了一個問題：草場的邊緣正好有一棵老櫻桃
樹。這兩個孩子都很喜愛這棵樹，當他們還小的時候，就經常
在樹上爬上爬下。兩人都非常想將這棵樹留在他們自己的那半
塊草場上。為了解決這個問題，農夫決定：這棵樹要正好位於
兩塊草場的分界線上。如此一來，這棵樹就可以由兒子和女兒
共同擁有。

　　我們在右頁的圖標示出樹的相對位置：三角形 ABC 是草場
的範圍，櫻桃樹則位在三角形 BC 邊上的 X 點。

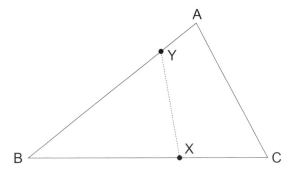

如何找出位在 AB 邊上的 Y 點，使線段 XY 正好將三角形 ABC 平分兩半呢？

如果已知三角形的邊長，很簡單地就能計算出答案。但是此題你必須要用筆、圓規、沒有刻度的直尺和三角尺，找出 Y 點的位置。

54. 灰色的陰影面積

下面這道題出自日本的謎題創造者藤村幸三郎。

已知一個四分之一圓，在圓裡面另有兩個半圓。這兩個半圓的直徑正好是四分之一圓的半徑（見下圖）。

兩個半圓的弧線形成了兩個封閉的圖形，圖中分別用深灰色和淺灰色表示。

請證明深灰色面積和淺灰色面積一樣大。

55. 切割立方體

　　現在要考驗你的空間想像力了。請觀察左邊的立方體，兩個相鄰的面分別畫有一條對角線。兩條對角線相交於正方體正前上方的角。

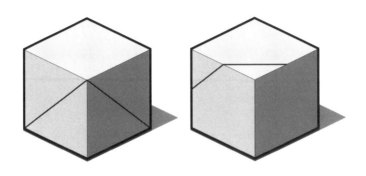

　　這兩條對角線所形成的夾角是幾度？（不是 90 度）

　　還有一道附加題：右邊立方體的兩個相鄰的面同樣也畫有直線。這兩條直線連接了立方體三個相鄰邊的中點，並相交於左上方的邊。

　　同樣的問題：這兩條直線所形成的夾角是幾度？（不是 90 度）

56. 地毯妙用

地毯是一種十分實用的東西，能夠完美遮掩地板上的缺陷，還可以藏一些東西在下面，例如下面這道謎題。

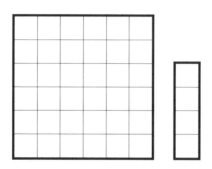

當房間的地板舊了，你可以重新打磨地板，或者鋪上新的木板，但最經濟實惠的辦法是鋪上地毯。很幸運地，你的地下室裡剛好有兩塊合用的地毯。

這兩塊地毯，一塊是 6×6 平方公尺，另一塊是 4×1 平方公尺，總面積為（36 + 4 =）40 平方公尺。需要鋪設地毯的房間正好也是（8×5 =）40 平方公尺。

為了不讓這道題太簡單，你只可以用工具將其中一塊地毯裁剪成兩塊。你可以裁剪直線或曲線，也可以裁剪出拐角，但不可以將地毯折疊或捲起來再來裁剪。

你有辦法裁剪出大小剛好的地毯，來蓋住 8 × 5 平方公尺的地板嗎？

57. 圓裡的相交直線

　　這道題目是將計算和幾何結合在一起，不過和學校考試的那種老套題目不太一樣。首先，你需要的是敏銳的思考，第二步才是計算。

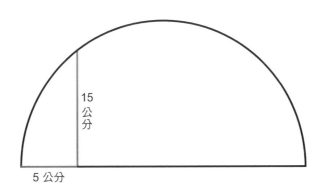

　　上圖給出了一個半圓，但沒有給出它的半徑長度，而是在直徑的左邊截取一段 5 公分的灰色線段。第二條線段垂直於直徑，從灰線的端點一直延伸到圓的邊緣，剛好長 15 公分。

　　求此半圓的半徑長度？

答案
Lösungen

47. 調皮的螺旋線

此題的難處在於螺旋線是三維的。不過有個簡單的解法，就是直接在平面上展開這條螺旋線。螺旋線繞了五圈，所以需要把圓柱體完整地翻轉五次，圓柱體滾動的距離就是圓柱體底面周長的五倍。

10 公分

5π

將圓柱體攤開後，螺旋線就變成了一條直線，即為上圖長方形的對角線。長方形的邊長分別為圓柱體的長和五倍圓柱體底面的周長。我們可以根據畢氏定理（$a^2 + b^2 = c^2$）計算出這條灰色對角線的長度：

$$對角線長度 = \sqrt{10 \times 10 + 5 \times 3.14 \times 5 \times 3.14}$$
$$= \sqrt{100 + 246.7}$$
$$= \sqrt{346.7}$$
$$= 18.6（公分）$$

48. 一個正方形＝兩個正方形

最少可以拆成四塊，切分和重組的方法見下圖：

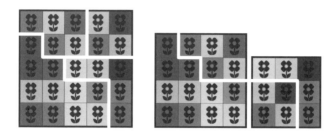

另外有讀者跟我分享了其他兩個不同的解謎方法：

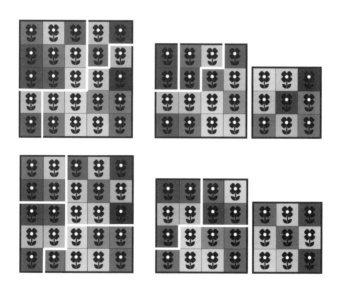

這兩種方法都是先拆出一個 3×3 塊磁磚的正方形，剩下部分的拆分方法就有所不同。

49. 認命數地磚？

黑色部分佔全部面積的 $\frac{1}{13}$。

地上黑色瓷磚的數量正好是白色瓷磚的兩倍。你可以將一個六邊形和兩個三角形組成一個不規則的八邊形，如下圖：

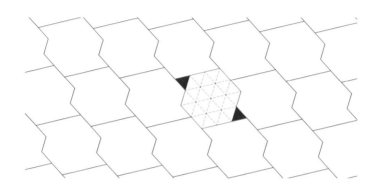

這樣一來，地板就完全被相同形狀和大小的八邊形瓷磚覆蓋了。若想算出黑色瓷磚在整個地板上的面積比例，只需要計算出黑色部分在八邊形裡的面積比例就可以了。

這個八邊形裡面有 2 個黑色三角形和 1 個白色六邊形。先將六邊形分成 6 個等邊三角形，再將三角形各自分為 4 個等邊三角形。這 24 個三角形正好跟黑色瓷磚大小一樣（見上圖）。

由此可見，這個不規則八邊形是由大小相同的 24 個白色三角形和 2 個黑色三角形組成。黑色面積比例為 $\frac{2}{24+2} = \frac{1}{13}$。

50. 圈圈圓圓圈圈

答案是 7 個。

半徑為 1 的圓要將半徑為 2 的圓周線完全覆蓋，至少需要多少個小圓呢？答案是 6 個。

因為一個半徑為 1 的圓最多可以覆蓋住的線段長度為 2。換算到大圓上，線段長度為 2 對應的是整個圓弧的六分之一（見下圖）。想要覆蓋整個圓周的長度，至少需要 6 個圓。

不過這樣還差大圓中間的面積還沒被覆蓋，因此至少需要 7 個小圓才能完全覆蓋大圓（見下圖）。

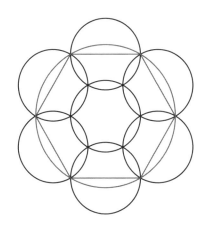

51. 再塞一個球進去

首先，我們要算出大球的球面到立方體頂點的距離。

大球中心到頂點的距離為 $\sqrt{3} \times \dfrac{a}{2}$。

大球球面到頂點的距離為 $\sqrt{3} \times \dfrac{a}{2} - \dfrac{a}{2} = \dfrac{a}{2}(\sqrt{3}-1)$。

我們可以將這個距離用立方體內部小球的半徑 r 來表示，

即大球球面到頂點的距離為 $r + \sqrt{3}\,r$。因此：

$$\dfrac{a}{2}(\sqrt{3}-1) = r(\sqrt{3}+1)$$

$$r = \dfrac{a(\sqrt{3}-1)}{2(\sqrt{3}+1)}$$

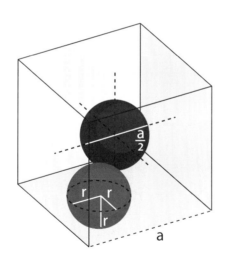

52. 兩個角錐的貼面禮

正確答案是 5 個面。嚴格來說也可以是 8 個面，因為這道題闡述得不夠嚴謹。

不過，許多中學生都選擇了「7 個面」的答案。起初，這道題的答案的確是 7 個面。對此論證如下：如果將有 5 個表面和 4 個表面的兩個立方體拼合在一起，那麼新產生的立方體就會有兩個側面在內部消失，於是就有（5 + 4 − 2 =）7 個面。

然而這個答案並不正確，出題者後來也不得不承認錯誤。因為在新產生的立方體中，有 4 個三角形面分別以兩兩連接在一起的方式位於同一平面上。

為了更容易理解，我們可以將底面為正方形的角錐複製一份，然後將這個複製品放在原型旁邊，如下圖所示，這兩個角錐的表面為可以透視的白色。

在這兩個白色角錐之間，正好可以放下灰色的正四面體。這個正四面體從上至下完全填充了這兩個角錐頂點之間的空

間，形成的圖形如同一頂帳篷。

接下來就是關鍵了：灰色四面體的側面，與其緊鄰的兩個白色角錐側面位於同一個水平面上（想像那頂帳篷），而且前後兩面都是如此。

現在，我們來去掉其中一個白色角錐，剩下的立方體就是這道題目要求的立方體。於是面的數量就不是 7 個，而是（7 − 2 =）5 個。因為兩個三角形處於同一平面，形成了一個共同的面，而且前後兩面皆如此。

那 8 個面這個答案又是如何得出的呢？理論上，我們還可以將正四面體置入正方形底面角錐的裡面，即穿透進去，讓兩個三角形側面從裡面相互貼合。如此一來，正四面體的頂點就會捅穿角錐。因為頂點有三個側面，就得出（5 + 3 =）8 個面。

一九八〇年的考試成績後來被迫修正，畢竟有二十四萬個中學生選擇了答案 A（5 個面），而原本錯誤的答案 C（7 個面）也仍然被判為正確答案。

然而，明顯只有極少數人選擇，但在理論上是可行的答案 B（8 個面），在修正之後仍被視為錯誤答案。哥倫比亞大學一位醫科學生大衛・福瑞斯特（David Forrest）針對這件事，在《紐約時報》（*The New York Times*）上發表了一段有趣的話。他是這樣調侃的：「將這個答案判為錯誤，是『歧視未來的內科醫生和心理分析師，因為他們自始至終都認為，一切存在皆有其內在面』」。

53. 農夫、樹、三角形草場

　　這道題目有許多種解法，我用畫圖草擬出了一個特別絕妙的方案。

　　首先，將 X 點與 A 點連起來，然後用圓規和直尺在線段 BC 上標出中點 M。

　　最後一步，從中點 M 畫出一條與 AX 平行的直線，這條直線與線段 AB 相交之處即是我們要尋找的 Y 點。

　　為什麼呢？

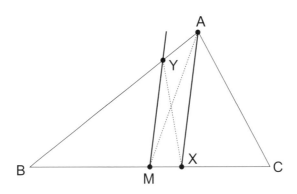

　　三角形 ABM 和三角 AMC 面積相等。若在梯形 AYMX 裡畫出兩條對角線，你很快就會發現，三角形 AYM 和三角形 YXM 同樣面積相等。因此，三角形 YBX 與三角形 ABM 和四邊形 AYXC 都有相同的面積。

54. 灰色的陰影面積

　　如果我們採用四個四分之一圓，就可以組合成一個完整的圓，如下圖。這樣看這個問題就更一目了然了。

　　假設大圓的半徑為 r，那麼四個小圓的直徑同樣也是 r。已知半徑為 r，圓周率為 π，求圓面積的計算公式為 $\pi \times r^2$。我們只需要這些條件就能解答這道題。

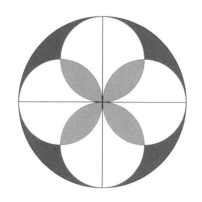

　　大圓的面積為 $\pi \times r^2$。我們也可以將大圖理解成是以下面積的總和：

1）四個深灰色部分的面積

2）四個白色小圓的面積減去四個淺灰色部分的面積

　　我們必須減去淺灰色部分的面積，不然就重複計算了。

　　四個白色小圓的總面積為：

$$4 \times \pi \times \left(\frac{r}{2}\right)^2 = 4 \times \pi \times \frac{r^2}{4} = \pi \times r^2$$

這個面積正好是大圓的面積。

由此即可得出，淺灰色和深灰色的面積一樣大，因為：

$$\pi \times r^2 = 4 \times 深灰色面積 + \pi \times r^2 - 4 \times 淺灰色面積$$

或者另一種寫法：

$$\pi \times r^2 = \pi \times r^2 + 4 \times 深灰色面積 - 4 \times 淺灰色面積$$

將等式兩邊的 $\pi \times r^2$ 抵消，再除以 4，就得到：

$$深灰色面積 = 淺灰色面積$$

55. 切割立方體

答案是 60 度和 120 度。

通常我們解幾何謎題都有一些小竅門。如題中的兩個立方體，你直接在其側面繼續畫線就行了。這樣第一個問題就會得到一個等邊三角形，第二個附加問題則得到一個正六邊形。如此一來，回答夾角大小的問題就變得很簡單了。

第一個問題，你只要旋轉立方體，立刻就會發現，畫上第三條對角線後產生了一個等邊三角形。題目問的夾角就正好是等邊三角形的內角，也就是 60 度。

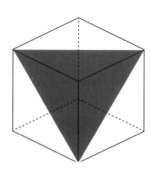

第二個問題形成的不是三角形，而是一個正六邊形，其內角為 120 度。

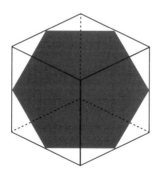

你也可以將深色部分看作是截面，沿著截面將立方體鋸開，就可以得到一個正三角形或者正六邊形。

56. 地毯妙用

不用擔心，這道題目是可以解出來的。下圖即為解決辦法，你需要將 6×6 平方公尺的那塊地毯裁剪成階梯狀。

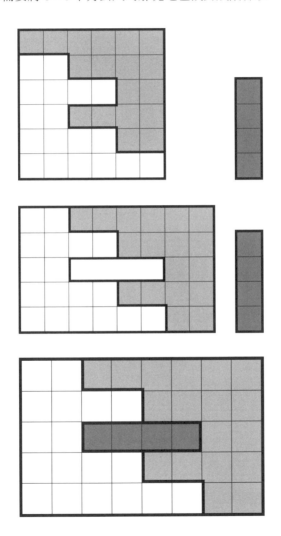

這是一道相對較難的謎題，因為我們得知的條件並不是太清楚。究竟該如何裁剪地毯，是按「之」字形？還是按著對角線裁剪？我在某個數學網站上發現了這道題，不過網站上的原題更難一些。因為原題中的兩塊地毯更大，而且缺少明確的提示：允許剪裁直角。

57. 圓裡的相交直線

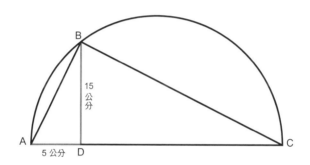

我們在直徑之上畫出三角形 BCD。根據泰勒斯定理，角 ABC 一定是直角，由此可知三角形 ABD 與 BCD 相似，彼此對應的邊長比例相同。在三角形 ABD 中，長直角邊是短直角邊的三倍長，由此得出線段 DC 長度為（3×15 =）45 公分。此圓直徑為（5 + 45 =）50 公分，半徑為 25 公分。

一變四

數字謎題

　　一個瘋癲的計算機，一位混淆了歐元和歐分的出納員，一場天才的魔術戲法。在這一章裡，你必須將所有事物都考慮進去。唯一能夠肯定的是，它們都與數字習習相關。

習題
Aufgaben

58. 計算年齡

在這個由父親、母親和兩個女兒組成的家庭，父親比母親大兩歲，四個家庭成員的年齡全部相乘得到數字 44950。

這四個人分別是幾歲？

提示：年齡為整數。

59. 找出規律

此題是典型的智力測驗題。已知下圖格子中有多個數字，其中一格是問號。

請找出其中的規律，在問號位置填上正確的數字。

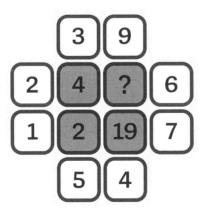

60. 胡說八道的計算機

原本,做數字加法是沒有迴旋餘地的,1 + 1 只會等於 2,不存在其他答案。至少只要我們以現在通用的規則來計算自然數,就不會有其他答案。

$$8 + 3 = 510$$
$$9 + 1 = 89$$
$$18 + 7 = 1124$$
$$12 + 4 = 815$$
$$6 + 2 = ?$$

然而本題的計算機運作方式卻大不相同。當我們用它來相加數字時,它會給出相當奇怪的答案。例如,輸入 8 + 3,卻得到答案 510。

難道有誰開玩笑,把這個計算機的程式重新設計了,讓它顯示的答案都是隨機的嗎?不管輸入什麼數字相加,得到的答案都是錯的,的確看起來像隨機出現的。

不過,也許這背後還有另一套規律?如果是這樣的話,你應該可以預測出計算機對於 6 + 2 會給出什麼答案。

請問 6+2 等於多少呢?

61. 有多少個數字能被 45 整除？

你肯定知道什麼是因數，如果你還懂得一些組合數學，那麼下面這道題對你來說就不是什麼難題。

請問，究竟存在多少個能被 45 整除，並且包含數字 1 到 9 的九位數自然數？

62. 冪的雜耍

也許你聽說過一些計算天才的事蹟，這些人可以在大腦中將一個上百位數的數字乘以 13 次方，而且只需要幾秒鐘的時間。不要擔心，你不需要做這種題。和前面的題目相比，下面這道題簡直就是兒童遊戲。

請問，$111^6 + 222^6 + 333^6 + 444^6 + 555^6$ 所得數的最後一位數字是什麼？

請注意，你不能用計算機或電腦來解這一題。

63. Forty+ten+ten=sixty

你肯定見過這種類型的謎題：字母代表著數字 0 到 9，同一個字母代表同一個數字，不同的字母代表不同的數字。下面這道題這背後有什麼樣的加法規則？

    forty
+   ten
+   ten
= sixty

64. 把數字倒過來

某些數字具有十分奇特的特徵，這一題就需要你找出這樣奇特的數字。

自然數 n 大於 0，n 與 6 相乘的積與 n 的字面數字相同，但順序相反。請問這樣的自然數存在嗎？

舉例：如果 n 是 139，那麼 139×6 的積就必須為 931，但實際上的乘積是 834，所以 139 並不滿足這道題目的條件。

65. 混淆歐元和歐分

瑪莉亞喜歡買彩票，這次她終於中獎了。雖然只押對了三個數字，但有總比沒有好啊！

當瑪莉亞去投注站領取獎金時，她的旁邊站著一位較年長的男士。他想要買一份報紙，但他看了看錢包，發現還差 5 歐分。中獎的瑪莉亞非常慷慨大方，從她的獎金拿出了 5 歐分送給這位男士。回到家後，瑪莉亞數了數錢，嚇了一大跳。她記得很清楚，她去領獎金的時候錢包是空的，現在錢包裡的錢卻是中獎金額的兩倍。這是怎麼回事？

她仔細數了數，然後想起自己給了那位男士 5 歐分。她很快就明白發生了什麼事：出納員將歐元和歐分弄反了！他把歐分的數額給成了歐元，歐元的數額給成了歐分。

請問瑪莉亞的彩票原本中了多少獎金？

66. 二〇一〇年德國奧數題

艾格妮塔（A）、伯特（B）、克拉拉（C）和丹尼斯（D）
共同想出了一個自然數，並將其寫在一張字條上。他們要讓朋
友猜出這個數字，每個人分別說了跟這個數字有關的兩句話：

A1：這是一個三位數

A2：它的所有數字的乘積是 23

B1：這個數可以被 37 整除

B2：它由三個相同的數字組成

C1：這個數可以被 11 整除

C2：它的最後一位數字是 0

D1：這個數橫加數大於 10

D2：它的百位數既不是最大的數字，也不是最小的數字

為了讓這道謎題變得更困難一些，他們四個人又特別說明，每個人說的兩句話之中，一句是真的，一句是假的。

猜猜他們可能在字條上寫了什麼數字？

這道題出自二〇一〇年德國奧林匹克數學競賽十年級的題目，具有一定程度的挑戰性。但也不是特別難啦！

67. 數字魔法

　　三個魔術師每個月都會見一次面，聊聊魔術戲法。這些魔術師一直在尋找新的創意，從帽子裡變出兔子、藏在耳朵後的鈔票和消失無蹤的硬幣已經使他們感到厭煩了。

　　這三個人都熱愛數字遊戲，他們興致高昂地讀著一個同為魔術師的好友發來的電子郵件，上頭記載著一個關於數字的戲法，然而內容並不完整：

　　「我請一位觀眾想出任意一個二位數，不要告訴我，然後把這個數字重複寫四遍，這樣就得到一個八位數。接著我會問這位觀眾最喜愛的顏色和他的生日。思考一會兒之後，我認為我已經知道這個八位數的因數了。那是一個二位數，但我還不想透露給你們知道。我會讓那位觀眾用計算機核算。到目前為止，我的答案一直都是正確的。」

第一個魔術師說：「我認為這個數字是 73。這個八位數能被 73 整除。」

第二個魔術師說：「無論如何，這個數都可以被 13837 整除。」

第三個魔術師反對：「13837？這麼大的數字我可算不出來。但 83 肯定是這個八位數的因數。」

請問哪一個魔術師說的對？

68. 古怪的運算

我們在小學就已經學過加法，但下面這張字條上的運算顯然有另一套規則。

$$8 + 11 = 310$$
$$22 + 9 = 1313$$
$$43 + 56 = 1318$$
$$72 + 19 = 5319$$
$$8 + 6 = 214$$
$$22 + 11 = ?$$

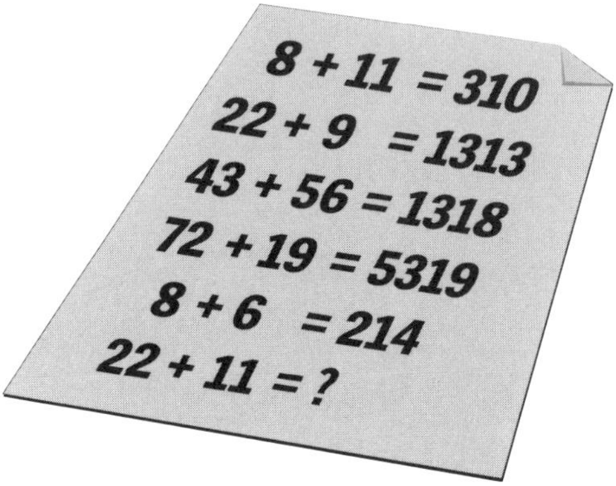

這張圖中的每一行算式都是求兩個數字的和，得出的結果卻完全不正確。按照我們學過的數學，8 + 11 從來不會得出 310，22 + 9 的和也絕不可能是 1313。

也許這張紙上的加法代表了另一套計算規則？如果是這樣的話，你肯定也知道 22 + 11 等於多少。

69. 剩下的錢給妹妹

　　兩個兄弟正在兜售他們共同收藏的公仔，每個公仔賣出的金額都是歐元整數，而且正好與公仔的總數量一樣多。

　　兩人的收入分配如下：哥哥拿 10 歐元，弟弟拿 10 歐元。然後哥哥繼續拿 10 歐元，弟弟再拿 10 歐元，以此類推。在哥哥最後一次拿了 10 歐元後，剩下的錢就不足 10 歐元了。於是他們將剩下的錢送給了妹妹。

　　請問妹妹得到了多少錢？

答案

Lösungen

58. 計算年齡

我們先將 44950 質因數分解，得到：

44950 = 31 × 29 × 5 × 5 × 2

理論上，兩個女兒或其中之一可以是 1 歲，因此我們把 1 也算作兩個因數：

44950 = 31 × 29 × 5 × 5 × 2 × 1 × 1

父母的年齡相差 2 歲，那麼就只有 31 和 29 符合，其他的數字組合起來皆不相符。那麼孩子們的年齡乘積就是 5 × 5 × 2 × 1 × 1。理論上，這些組合可以是 25 歲和 2 歲、10 歲和 5 歲，或者 50 歲和 1 歲。但考慮到父母的年齡（31 歲和 29 歲），就只剩下 10 和 5 符合。

最後得到的答案，兩個女兒分別為 5 歲和 10 歲，父親和母親分別為 31 歲和 29 歲。

59. 找出規律

問號位置的數字是 6。

中間深色格子的數字，是由相鄰淺色格子的數字計算而得。

以左上方深色格子的數字 4 來舉例：首先將數字 4 對角線上兩個相鄰格子（深色圓圈）的數字相乘，即 $1 \times 9 = 9$，接著將外邊兩側格子（淺色圓圈）的數字相加，即 $2 + 3 = 5$。

最後將深色圓圈的乘積減去淺色圓圈的和，整個計算為 $(1 \times 9) - (2 + 3) = 9 - 5 = 4$。

同理，問號位置的數字為 $(3 \times 7) - (9 + 6) = 21 - 15 = 6$

60. 胡說八道的計算機

仔細觀察計算機給出的答案，你會發現這背後確實有另一套規律。

以 $8 + 3$ 來舉例，利用等式左邊的兩個數字計算出另外兩個數字，並依次寫下來，這就是答案。

首先計算這兩個數字的差，即 $8 - 3 = 5$。然後計算這兩個數字的和，不過這裡還要再減去 1，即 $8 + 3 - 1 = 10$。

依次寫下 5 和 10，就得到答案 510。

在 6 + 2 的等式裡，我們得到 6 – 2 = 4 和 6 + 2 – 1 = 7，最後答案為 47。

$$8 + 3 = 510$$
$$9 + 1 = 89$$
$$18 + 7 = 1124$$
$$12 + 4 = 815$$
$$6 + 2 = ?$$

61. 有多少個數字能被 45 整除？

總共有 40320 個。

我們要找的是因數為 45 的九位數自然數。既然 45 是質數 3、3、5 的乘積，代表一個數要能被 45 整除，它就必須能被 5 和（3×3 =）9 整除。反之亦然，一個數同時能被 5 和 9 整除，那麼它也能被 45 整除。

為什麼會這樣呢？當我們將這個數做質因數分解時，肯定會出現因數 3×3 和 5。而 3×3×5 = 45，因此 45 也會是這個數的其中一個因數。

但是，在什麼情況下，一個數可以被 5 整除，或是被 9 整除呢？

被 5 整除的情況較簡單：最後一位數字必須以 5 或 0 結

尾。然而根據題目設定，該數並沒有出現數字 0。那麼最後一位數字就只能是 5。

一個自然數能否被 9 整除，可以用橫加數來解答。如果一個數的橫加數能被 9 整除，那麼這個數本身也能被 9 整除。

橫加數就是把一個數的各個數字相加。例如這個題目中的九位數，其橫加數就是 $1 + 2 + 3 + \cdots + 9 = 45$。而 45 能被 9 整除，因此包含數字 1 到 9 的任一個九位數都能被 9 整除。

讓我們總結一下：只要最後一位數是 5，而且數字包含 1 到 9 的九位數，都可以被 45 整除。現在我們需要找出有多少個這樣的數。

關於第一位數字，我們有除了 5 之外的 8 個不同選擇；第二位數字則是從剩下的 7 個數字中選出（因為前面已經選了一個數字，而最後一位數是 5）；第三位數字有 6 個選擇，以此類推。所以，符合這些條件的九位數自然數共有 $8 \times 7 \times 6 \times 5 \times 4 \times 3 \times 2 \times 1 = 40320$ 個。

數學家們將這樣的公式稱為階乘，即所有小於及等於該數的正整數之積，並用驚嘆號來表示：

$$8! = 1 \times 2 \times 3 \times 4 \times 5 \times 6 \times 7 \times 8$$

62. 冪的雜耍

最後一位數的數字是 5。

這道題的竅門在於，你只需要關注這五個數字的個位數，因為只有個位數的六次冪決定了這五個六次冪數的最後一位是什麼數字。

為什麼會這樣呢？我們只要將這些數字分解成個位數和剩下數字的十倍數，立刻就可以搞清楚了。

例如 111^6，我們可以寫成（110 + 1）^{6}，還可以寫成二項式公式（a + b）^{6} 來計算（不要被這複雜的計算過程迷住了，我們並沒有真的要把所有的數字都算出來）：

$$(a + b)^6 = a^6 + 6a^5b + 15a^4b^2 + 20a^3b^3 + 15a^2b^4 + 6ab^5 + b^6$$

數字 a 含有因數 10，且上面公式的等號右邊除了 b^6 以外的所有加數都至少含有一個因數 a，所以等號右邊除了 b^6 以外的所有加數都是 10 的倍數。既然唯一的例外是 b^6，我們只需要 b，就能確定（a + b）^{6} 的最後一位數字是什麼。

因此，我們也可以將這道題目換成下列說法：

$1^6 + 2^6 + 3^6 + 4^6 + 5^6$ 所得數的最後一位數字是什麼？

這樣看就簡單多了。

1^6 是 1。

2^6 是 $2^2 \times 2^2 \times 2^2 = 4 \times 4 \times 4 = 64$，最後一位數字是 4。

3^6 就是 $3^2 \times 3^2 \times 3^2 = 9 \times 9 \times 9 = 81 \times 9$，最後一位數字是 9。

用同樣的方法，我們可以算出，4^6 的最後一位數字是 6，5^6 的最後一位數字 5。

上述總和算出來為（1 + 4 + 9 + 6 + 5 =）25，所以 5 就是我們要找的答案。

有誰想要自己再計算一遍？

$111^6 = 1,870,414,552,161$

$222^6 = 119,706,531,338,304$

$333^6 = 1,363,532,208,525,369$

$444^6 = 7,661,218,005,651,456$

$555^6 = 29,225,227,377,515,625$

將這五個數字相加，得到 38,371,554,537,582,915。證實了這串數字的最後一位數確實是 5。

63.Forty+ten+ten=sixty

forty	29,786
+　ten	+　　850
+　ten	+　　850
= sixty	= 31,486

總共有 e、f、i、n、o、r、s、t、x、y 十個字母，對應 0 到

9 十個數字。

　　首先，我們需要知道最右邊的個位數列，字母 n 只有可能是 0 或 5。十位數列同樣也是 e = 0 或 e = 5。因為個位數列沒有向十位數列進位，所以 n = 0、e = 5。

　　現在我們來看前面的數列。萬位數列和千位數列必須從右邊的數列中得到進位，才能使 o 變成 i、f 變成 s。所以 rty + ten + ten 必須要大於 1000，才有可能形成兩次進位。

　　我們先代入最大數值試算：假設 rty + ten + ten = 999 + 950 + 950 = 2899，所以百位數列進位至千位數列的數字只有可能是 1 或 2。相對地，字母 o 只有可能是 8 或 9，否則無法再次進位至萬位數列。但是字母 i 不能為 0（因為 n = 0），所以唯一可能的組合為 o = 9、i = 1，並且已知從百位數列進位至千位數列的數值為 2，從千位數列進位至萬位數列的數值為 1。

　　同樣的道理，要使 f 變成 s，orty + ten + ten 必須要大於 10000。我們再次代入最大數值試算：假設 orty + ten + ten = 9999 + 950 + 950 = 11899，表示能夠進位到萬位數列的數字最多只有 1，由此可知 f + 1 = s。

　　推算到這裡，我們已經可以確定的數字為 n = 0，e = 5，i = 1，o = 9。將這些數字代入原算式，可以得到：

個位數列：y + 0 + 0 = y

十位數列：t + 5 + 5 = 10 + t

百位數列：r + t + t + 1 = 20 + x

千位數列：9 + 2 = 10 + 1

萬位數列：f + 1 = s

從萬位數列往回推算，f和s的可能組合為 2 和 3、3 和 4、6 和 7、7 和 8，其他組合都會造成 f 或 s 與已知的數字重複。將所有可能的數字組合都嘗試一遍之後，只剩下一個符合條件的答案：

f = 2

s = 3

r = 7

t = 8

x = 4

y 就只剩下最後一個數字 6。

64. 把數字倒過來

這道題沒有答案，無解！

要證明這一點不會太難。如果真有這樣一個數字 n，它肯定不是一位數，更確切地說，它至少是二位數。

我們仔細來看 n 的左邊第一個數字：這個數字必須為 1。如果這個的數字是 2 或者更大，那麼它與 6 相乘的積就會比 n 多一位數，例如 21×6 = 126。

數字 n 與 6×n 的積必須位數相同，只有這樣，6×n 才有可能與 n 順序相反但字面數字相同。

因為字面數字相同且順序相反，如果 n 是 1 開頭，那麼 6×n 就必須以 1 結尾。由此可知，6×n 是一個以 1 結尾的奇數。但 6×n = 2×3×n，只要有因數 2 存在，6×n 肯定也是偶數。一個數字當然不可能既為奇數又為偶數，由此可知這個數字不存在。

這道題選自一九六一年東德第一屆奧林匹克數學競賽十一年級的題目。

65. 混淆歐元和歐分

瑪莉亞原本的中獎金額是 31.63 歐元。由於出納員的錯誤，瑪莉亞得到了 63.31 歐元。因為她送出去了 5 歐分，還剩下 63.26 歐元，正好就是原本獎金的兩倍。

這道題有很多不同的解法，謎題創造者馬丁·加德納就參考了讀者的建議，寫出了一個特別巧妙的解法。

我們將獎金的歐元數額設為 x，歐分數額設為 y。幣值單位 1 歐元等於 100 歐分。如果原本獎金是 x 歐元 y 歐分，獎金數額就是 100x + y 歐分。現在出納員給成 y 歐元 x 歐分，獎金數額是 100y + x 歐分，扣掉 5 歐分後是原本獎金的兩倍，最後得到等式為：

$$2 \times (100x + y) = 100y + (x - 5)$$
$$100 (2x) + 2y = 100y + (x - 5)$$

如果 y < 50，歐分面額就不需要進位，歐元面額維持不變。所以，對照上面等式中的歐元面額，可以得知：

$$2x = y$$

將這個等式帶入歐分數額的等式：

$$2y = x - 5$$
$$4x = x - 5$$
$$3x = -5$$

我們得到 x 為負數，而且無法除盡，所以 y < 50 的假設自然行不通（因為無法付款）。

現在來看另一種情況，如果 y ≥ 50，那麼 2y 就會使歐元面額增加 1（但歐分面額要記得減去 100），代入歐分數額等式可以得到：

$$100 (2x + 1) + 2y - 100 = 100y + (x - 5)$$

對照等式中的歐元面額，可以得知：

$$2x + 1 = y$$

將這個等式帶入歐分數額的等式：

$$2y - 100 = x - 5$$
$$4x + 2 - 100 = x - 5$$
$$3x = 93$$
$$x = 31$$

我們得出 $y = 63$。也就是說，原本的獎金是 31.63 歐元，但實際給了 63.31 歐元。

66. 二〇一〇年德國奧數題

這四個人寫下的數字有可能是 370、740 或 814。

剛開始解題時，許多人會毫無頭緒。要是把所有可以想到的情況逐一審查，需要花費很多時間。但若仔細看這四個人的陳述，其實可以把某些情況先排除掉，這樣就可以加速進入推理的下一步。我們先從 A 的陳述開始：

A1：這是一個三位數
A2：它的所有數字的乘積是 23

A2 是假話。因為 23 是質數，如果這個數的所有數字的乘積是 23，那麼這三位數的其中一個數字就必須是 23。然而我們使用的十進制只有 0 到 9，沒有 23，所以這是行不通的。既然 A2 是假話，A1 就是真話。

我們繼續看 B：

B1：這個數可以被 37 整除

B2：它由三個相同的數字組成

我們可以先檢查 B2 是否為真話。也就是這個數是否由三個相同的數字組成。B2 的陳述與 C 的陳述相符嗎？

C1：這個數可以被 11 整除

C2：它的最後一位數字是 0

如果 B2 和 C2 都是真話，那麼這個數就是由三個 0 組成，那麼 A1 就不成立了。換言之，如果 B2 和 C1 是真話，那麼我們要找的數就是由三個相同的數字組成，同時還能被 11 整除。不過我們可以輕鬆檢驗出這樣的數並不存在。因為 110、220、330 等數都是 11 的倍數，然而 111、222、333 等數都不是 11 的倍數。

由此可知，B2 既不與 C1 相符，也不與 C2 相符，所以是假話。既然 B1 是真話，我們要找一個可以被 37 整除的三位

數。同時，這個數字還可以被 11 整除（C1），或者最後一位數的數字是 0（C2）。

若是 C1 的情況，這個數可能是 11 × 37 = 407 或 2 × 11 × 37 = 814。若是 C2 的情況則是 370 或者 740。

現在就差 D 的陳述了：

D1：這個數的橫加數大於 10
D2：它的百位數既不是最大的數字，也不是最小的數字

如果 D1 是真話，D2 是假話，那就只有 740 和 814 符合這些陳述，而這兩個數的百位數是三個數字中最大的。

相反地，若 D1 是假話，D2 是真話，就只有 370 符合。407 不是正確答案，因為 D1 和 D2 對這個數字的描述都是真話，但前提是有一句必須是假話，所以此種情況不存在。

總結：答案不只一個，寫在紙上的數字有可能是 370、740 或 814。

67. 數字魔法

前兩個魔術師的說法是正確的，73 和 13837 是因數。第三個魔術師的答案 83 是錯誤的。

我們任選一個二位數 a，相繼寫下四遍，得到一個八位數。舉例來說，如果 a 是 17，那麼這個數字就是 17171717——

更易讀的寫法為 17,171,717。我們也可以將這個數拆成四個數
的和：

答
案

$$
\begin{aligned}
& 17 \\
+\ & 1{,}700 \\
+\ & 170{,}000 \\
+\ & 17{,}000{,}000 \\
=\ & 17{,}171{,}717
\end{aligned}
$$

這四個加數分別為 17 和 1、100、10,000、1,000,000 的乘
積，因此我們也可以寫為：

17,171,717
= 1 × 17 + 100 × 17 + 10,000 × 17 + 1,000,000 × 17

將二位數 a 帶入：

八位數
= 1 × a + 100 × a + 10,000 × a + 1,000,000 × a
= a × （1 + 100 + 10,000 + 1,000,000）
= a × 1,010,101

我們得到了一個因數 1,010,101。如果這個數能被 73

198

整除，那麼這個八位數就也能被73整除。實際計算得知 1,010,101 = 73×13,837。這樣一來，我們就找出了第二個因數。無論如何，第一個和第二個魔術師都是正確的。

但是 1,010,101 不能被 83 整除，所以第三個魔術師是錯的。

此外，想要找出 1,010,101 的所有因數，必須做質因數分解，結果為：

$$1,010,101 = 73 \times 101 \times 137$$

由此可得，1,010,101 的因數還有（101×73 =）7,373 和（73×137 =）10,001。

68. 古怪的運算

答案是 22 + 11 = 116。

$$8 + 11 = 310$$
$$22 + 9 = 1313$$
$$43 + 56 = 1318$$
$$72 + 19 = 5319$$
$$8 + 6 = 214$$
$$22 + 11 = 116$$

這是怎麼求出來的呢？仔細觀察這些數字，你會發現每一個「和」都由兩部分組成。答案的第一個或者前兩個數字（深色底色）正好是等式左邊兩個數的差。那麼在 22 + 11 這一行，依照規則計算出 22 – 11 = 11。

答案剩下的數字計算更複雜，為左邊兩個數的橫加數之和。在 22 + 11 這一行，依照規則計算出（2 + 2）+（1 + 1）= 6。

最後我們得到答案為 22 + 11 = 116。

不得不承認，這道題真的挺難的。

69. 剩下的錢給妹妹

假設公仔的價格為 n，同時也是所有公仔的數量。我們可以寫成 n = 10a + b。這裡的 a 和 b 是自然數，b 是一位數。我們立刻會發現，b 在這道題裡起著決定性的作用。

兩兄弟的總收入是 $n \times n = n^2$

$n^2 = (10a+b)^2$

$\quad = 100a^2 + 20ab + b^2$

從兩兄弟分配錢的方式可得知，n^2 除以 20 所剩的餘數在 10 至 20 之間，只有這樣才會哥哥比弟弟多拿 10 歐元，並且剩下少於 10 歐元的錢。因為 $100a^2$ 和 $20ab$ 都能夠被 20 整除，所以只需要看 b^2 就能知道除以 20 後餘下多少。

現在我們看一下，哪個一位數能使 b^2 在 n^2 除以 20 後的餘數大於 10 且小於 20。當 $b = 4$ 和 $b = 6$ 都能滿足條件，其他的一位數則無法。無論 $b = 4$ 還是 $b = 6$，在這兩種情況下，n^2 除以 20 的餘數都是 16。所以妹妹可以得到 6 歐元。

輪盤賭博和體育運動
排列組合題

　　特務跟蹤的本領究竟有多厲害？一場乒乓球比賽能有多少個輸家？本章的謎題與組合數學和機率計算有關。你認為你成功解題的機率有多大呢？

習題
Aufgaben

70. 寄宿家庭有幾個女孩？

　　在成長過程中，總會有一段時間，男孩和女孩都不喜歡和對方一起玩。克莉絲蒂就是這樣，她希望在英格蘭的寄宿家庭裡最好都是女孩子。但是交換學生機構只能保證每個女孩分配到的寄宿家庭正好有兩個孩子，而其中一個是女孩。

　　克莉絲蒂粗略地計算了一下：如果男孩與女孩的出生率是一樣的，那麼，她認為遇上兩個都是女孩的機率是 $\frac{1}{2}$。

　　她算對了嗎？如果不對，兩個都是女孩的機率是多少呢？

71. 特務訓練

　　特務在接受培訓時，會在一個寬闊熱鬧的廣場上做訓練。我們已知特務的總人數為奇數。他們在廣場上分散開來，每個特務之間的距離都不一樣，而每個特務都要盯住離自己最近的那個特務。

　　請證明現場至少有一個特務沒有被監視。

　　提示：這道題目是本書第 4 題的變形題。

72. 世界乒乓球大賽

　　有些東西再好，要是沒人知道也是枉然。某個國家的大城「乒乓市」市長深知這項道理。這座城市人口超過一百萬，然而除了這個國家的人民之外，沒有人能體會這座城市對乒乓球的熱情——即使市長都已經將這個地方改名為「乒乓市」了！

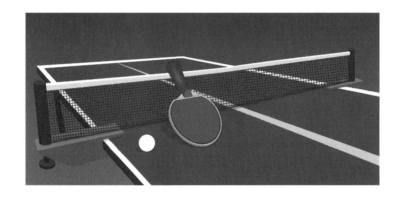

　　為了使「乒乓市」能在國際上享有盛譽，市長想要舉辦一場世界最大規模的乒乓球大賽。這場大賽正好有 1,111,111 個人參加。比賽規則如下：每位參賽者都會抽到一個對手，對戰採單局淘汰制，誰要是輸了比賽，誰就會被淘汰。若比賽人數為奇數，則會有一個參賽者不用比賽，直接進入下一輪。

　　問題：這場大賽總共要比多少局比賽，才能決定冠軍？

73. 俄羅斯輪盤

接下來這道題就有點毛骨悚然了。俄羅斯輪盤是一種有可能死人的賭博遊戲,經常出現在電影中。這個遊戲需要一把左輪手槍,手槍上的轉輪通常可以放 6 顆子彈。賭徒轉動轉輪,在不知道轉輪會停在哪個位置的情況下,舉起手槍,對準頭部,扣下扳機。

我當然不是讓你玩這個遊戲,而是要做一個思想實驗。假設你被一個可惡的罪犯抓了。他拿出一把左輪手槍。你看到轉輪裡不只有 1 顆子彈,而是 2 顆相鄰的子彈,另外 4 個彈膛是空的。

罪犯轉動轉輪,然後對準一盞燈扣下了扳機。什麼都沒有發生,沒有子彈射出來。接著,他將手槍對準你,並且問道:「我該立刻扣扳機呢,還是你想要我轉幾圈再開槍?」

轉或是不轉,哪一種情況你活下來的機率更大?

74. 誰輸了第二局比賽？

　　艾利克斯、布里特和克萊正在進行乒乓球比賽。兩個人對打，第三個人觀賽。那一局比賽誰贏了，誰就可以繼續站在桌前打乒乓球，跟剛才沒有比賽的人對打。反之，輸的人就必須下場休息。

　　結束時，他們各自數了數，自己究竟打了多少局比賽。艾利克斯打了 10 局，布里特打了 15 局，克萊打了 17 局。

　　問題：誰輸了第二局比賽？

75. 西洋棋比賽的輸家

　　六個棋手參加一場西洋棋比賽，每個人都有機會對戰一次。贏者得 1 分，輸者得 0 分，平局的話各得 0.5 分。當比賽結束時，每個棋手的得分都不一樣。

　　這場比賽下來，最後一名的棋手最多可以得到多少分？試證明你的觀點，並列出比賽成績表，例證最後一名棋手確實達到你所說的分數。

76. 誰贏了跑步比賽？

賽跑的時候，你喜歡全速衝刺，還是先節省體力，後半段路程再加快速度？跑步也需要戰術，而且戰術的運用通常是決定勝利或失敗的關鍵，在這道題目裡也一樣。

有兩個賽跑選手進入了決賽。奇妙的是，這兩個人跑得一樣快。無論跑慢一點，還是跑快一點，速度都一樣。然而對於這場比賽，他們都有各自的跑步戰術。

選手 A 在前半段路程放慢跑，後半段路程快速奔跑。

選手 B 在前半段的時間放慢跑，後半段的時間快速奔跑。

問題：誰會先到達終點？

77. 彩票機率的辯論

上百萬人買彩票，每個人都希望幸運降臨在自己身上。馬克斯、薩維耶和伯特也一樣，他們打算從 1~49 中選出 6 個數字，再從 0~9 中選出 1 個超級號碼。如果這 6 個數字再加上超級號碼都選對了，他們就會中頭獎。

但是一直到現在，他們都還沒有中過獎。馬克斯很生氣，也很驚訝為什麼他們從來都沒選中過超級號碼。

馬克斯說：「如果可以從 49 個數字選 7 個就好，不要選什麼超級號碼，那我們贏頭獎的機率就更大了。」

薩維耶反駁：「49 選 7，比我們現在在 49 選 6 再加上超級號碼的中獎機率更小。」

伯特搖擺不定：「我覺得中獎的機率一樣大。」

請問他們誰說的對？

78. 生日悖論

　　二〇一六年十月十一日，德國國家足球隊以 2：0 戰勝了北愛爾蘭。德國隊開場十三分鐘就進了第一個球，四分鐘後又進了第二個球。隨後，這支二〇一四年的世界盃冠軍隊伍就洩氣了，連令人激動的射門瞬間都沒有！

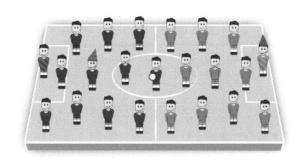

　　巧合的是，球場上的 22 個球員裡，有 2 個人是同一天生日。北愛爾蘭的門將邁克爾・麥戈文（Michael McGovern）和中場球員沙恩・弗格森（Shane Ferguson）的生日都是七月十二日，只不過前者是一九八四年，後者是一九九一年。

　　這種情況很常見嗎？ 22 個球員中至少有 2 個球員是同一天生日的機率有多大？

　　提示：對於生日，我們只考慮日和月，不考慮年。另外，為了方便起見，閏年的二月二十九日不列入考慮。

79. 十個互不信任的強盜

　　小偷、黃金、鑰匙、鎖——這些東西都是謎題中的常客，在此我想給你看一道特別出色的相關題目。

　　十個男人共同撬開了一個保險櫃，然後將盜走的黃金藏在一個大箱子裡。

　　這些強盜互不信任，因此他們決定將箱子鎖上，只有當隨機選出的四個強盜共同在場時才有辦法打開。少於四個強盜在場，箱子就打不開。

　　他們需要在這個箱子掛上多少把不同的鎖，才能實現這個條件？需要多少把鑰匙？

　　提示：只有 2 把鎖顯然不夠。若隨機選出的兩個強盜都擁有這 2 把鑰匙，兩人就能拿走所有黃金，條件就不成立了。

80. 公平分配小蘋果

一個倉庫裡有 20 箱蘋果，每箱裡都有至少 1 個但不超過 30 個蘋果。每個箱子裡的蘋果數量都不同，如果隨機取出 2 箱蘋果，這 2 箱蘋果的數量絕對不會一樣。

瑟桑和伯特兩兄弟各自想要 4 箱蘋果。請證明我們可以為兩人各選出 4 箱蘋果，讓他們得到相同數量的蘋果。

答案
Lösungen

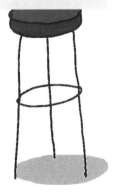

70. 寄宿家庭有幾個女孩？

　　克莉絲蒂認為兩個都是女孩的機率是 $\frac{1}{2}$，但她算錯了。實際上的機率應該是 $\frac{1}{3}$。

　　為了得到正確答案，我們必須思考兄弟姊妹到底可能有多少種組合。M 代表女孩，J 代表男孩，那麼兩個孩子就有四種可能的組合：MM、MJ、JM、JJ。

　　交換機構承諾，每個寄宿家庭至少有一個女孩，那麼 JJ 就被排除了。剩下的組合為 MM、MJ、JM。因此，克莉絲蒂去到有兩個女孩的家庭的機率為 $\frac{1}{3}$，寄宿家庭中有一個男孩的可能性為 $\frac{2}{3}$。

　　對於這種情況，我們也可以用拋擲兩枚相同的硬幣來做比較：硬幣的一面印有 J（男孩），另一面印有 M（女孩）。出現 J 和 M 的可能性都是 $\frac{1}{2}$。

　　當我們隨機選擇一對兄弟姊妹時，就像同時拋擲兩枚硬幣，有可能出現的組合也是 JJ、JM、MJ、MM。每種情況的機率都是 $\frac{1}{4}$。

　　但是我們知道這兩個孩子中至少有一個是女孩，所以 JJ 被排除掉了。只剩 JM、MJ、MM 三種可能的情況，而三種情況的機率都相同。那麼，克莉絲蒂的願望實現的機率就是 $\frac{1}{3}$。

71. 特務訓練

一定有兩個特務之間的距離最近，那麼這兩個特務就會互相監視。如果還有另一個特務在監視這兩個特務的其中一個，代表有一個人正被兩個人監視——這就可以肯定至少有一個特務沒有人監視。

如果這兩個距離最近的特務沒有被其他人監視，那麼就可以將這一對忽略。雖然特務的人數少了兩個，但仍是奇數。

現在我們重複以上方法。人數為奇數的特務站在廣場上，有一對特務彼此距離最近，他倆互相監視對方。要麼其中一人會被第三個特務監視（這樣就至少有一個特務沒有人監視），要麼我們可以將距離最近的兩個特務從群體中忽略不計。

直到最後剩下三個特務，其中兩個人為一對，互相監視。那麼剩下的第三個人就肯定是沒有被監視的特務。

由此可證，總是會有一個特務沒有被任何人監視。

72. 世界乒乓球大賽

當然，我們可以計算每一輪的比賽總局數。第一輪有 555,555 局比賽，有一個參賽者直接晉級；第二輪剩下 555,556 個參賽者，需要比 277,778 局比賽；再下一輪是 138,889 局比賽；以此類推。算到最後，你將會得到答案，但這個過程太費心了，而且容易算錯。還好，有一個巧妙的解法，完全不需要

費心計算，你只需要關注被淘汰的人即可。

全部有 1,111,111 個參賽者，到比賽結束時會有 1,111,110 個人輸掉一局比賽。每一局比賽都有一個輸家被淘汰，由此可知，這一屆世界乒乓球大賽總共進行了 1,111,110 局比賽。

73. 俄羅斯輪盤

不要再轉動轉輪會比較好。

我們要計算的是下一個彈膛裡有子彈的機率。先說比較簡單的第二種情況：罪犯在第二次開槍前又轉了一次轉輪，那麼，子彈射出的機率就是 $\frac{1}{3}$，因為 6 個彈膛裡有 2 顆子彈。

如果在第二次開槍前沒有轉動轉輪，那就是另外一種計算方式。因為第一槍沒有子彈射出，那麼在第一次開槍前，槍管後面的是 4 個空彈膛的其中一個。在下列左圖中，這些空彈膛被塗成了黑色。

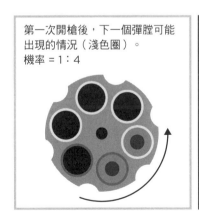

第一次開槍後，下一個彈膛可能出現的情況（淺色圈）。
機率 = 1：4

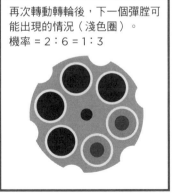

再次轉動轉輪後，下一個彈膛可能出現的情況（淺色圈）。
機率 = 2：6 = 1：3

開槍之後，轉輪轉動了六分之一圈。假設轉輪是逆時針方向轉動（順時針轉動也可以，結果並不會有所不同），會發生什麼事呢？我們將 4 個可能輪到的彈膛用淺色圓圈表示出來（左圖），其中 3 個相繼為空彈膛，以及 1 個彈膛裡有 1 顆子彈。也就是說，左圖射出一顆子彈的機率是 $\frac{1}{4}$。

轉動轉輪（右圖），射出子彈的機率是 $\frac{1}{3}$。不轉動轉輪，射出子彈的機率是 $\frac{1}{4}$。所以你應該對罪犯說，讓他立刻再開一槍。因為接下來是空彈膛的可能性更大。

74. 誰輸了第二局比賽？

艾利克斯輸了第二局比賽。

這題乍看似乎解不出來，你可能會想出好幾個組合並逐一確認。但若更仔細思考這整件事，你很快就會發現，解題一點都不複雜。

首先，艾利克斯打了 10 局，布里特打了 15 局，克萊打了 17 局，總共 42 局比賽。而每局都只有兩個人參加，那麼這三個人實際上打了 21 局比賽。

由於這個特別的賽制，如果一個選手每場比賽都輸掉了，他休息一輪後又可以繼續參加比賽。

根據題目，雖然總共有 21 局比賽，但艾利克斯只打了 10 局，這代表他沒有參加第一局比賽。假如艾利克斯參加了第一局比賽，並且在之後輸掉了所有的比賽，那麼他就參加了第

一、三、五、七、九、十一、十三、十五、十七、十九、二十一局比賽，總共 11 局，多了 1 局！

由此可知，布里特和克萊參加了第一局比賽。艾利克斯在第二場比賽中迎戰第一場比賽的贏家，並且輸掉了這一局和另外 9 局比賽。否則他還是會參加 11 局比賽（第二、三、五、七、九、十一、十三、十五、十七、十九、二十一局）。

讓我們來整理一下：艾利克斯參加了第二、四、六、八、十、十二、十四、十六、十八、二十局比賽，並且都輸掉了。

75. 西洋棋比賽的輸家

這場比賽的最高總得分為 $C\frac{6}{2} = \frac{6!}{2!(6\text{-}2)!} = 15$ 分。每個棋手平均可得 2.5 分，但最後一名的得分不會是 1.5 分。因為每個棋手的得分都不同，排名較靠前的棋手至少要比後面一個棋手高 0.5 分，若最後一名得 1.5 分，那麼得分由低到高分別為 1.5、2、2.5、3、3.5、4，總和為 16.5，這樣總得分就超過了。

如果最後一名的得分從 1 開始就行得通，得分由低到高分別為 1、1.5、2、2.5、3、5，總和為 15。由此可知，最後一名的得分可能是 0 分、0.5 分或 1 分。

當最後一名的得分為 1 分時，比賽成績表如下頁表格所示：O 代表贏，X 代表輸，R 代表平局。

	棋手1	棋手2	棋手3	棋手4	棋手5	棋手6	總得分
棋手1		O	O	O	O	O	5
棋手2	X		O	O	O	X	3
棋手3	X	X		O	R	O	2.5
棋手4	X	X	X		O	O	2
棋手5	X	X	R	X		O	1.5
棋手6	X	O	X	X	X		1

76. 誰贏了跑步比賽？

選手 B 贏了。

兩個選手剛開始都放慢速度，不分高下。然而在超過路程中點之前，選手 B 加速了。因為他慢速跑步的時間與快速跑步的時間一樣長，這只有在快速跑步的路程比慢速跑步的路程長的情況下才行得通。因此，要是選手 A 在前半段路程都保持慢速，就會輸掉決賽。

派崔克・魏德哈斯（Patrick Weidhaas）推薦我收錄這道謎題。他在《美國大觀》（*Parade*）雜誌的文章發現了這道題目，該題的作者瑪麗蓮・莎凡特（Marilyn vos Savant）的超高智商曾創下金氏世界紀錄。

77. 彩票機率的辯論

乍看似乎薩維耶是正確的。第一種 49 選 6 加上超級號碼的彩票，要從 49 個數字中選出 6 個，再從 10 個數字中選出 1 個。第二種 49 選 7 的彩票，同樣先選出 6 個數字，再選出 1 個做為第七個數字。這第七個數字不像超級號碼那樣只有 10 個選項，而是有（49 – 6 =）43 個選項，更多選項意味中頭獎的機率更低。

然而這種想法是錯的。事實上，馬克斯才是正確的，49 選 7 的中獎機會更大。下面透過計算兩種彩票的組合數來證明。

49 選 6，選第一個數字時有 49 種可能性，選第二個數字時有 48 種可能性，以此類推。因此在選數字時，總共有 49×48×47×46×45×44 種不同的可能性。用這種計算方式，同樣數字但不同順序也會被視為不同的可能性——這就是排列——所以得再除以 1×2×3×4×5×6，就可以得到不含排列的組合總數，結果是 13,983,816。選擇超級號碼有 10 種不同的可能性，那麼總共就有（13,983,816×10 =）139,838,160 種組合。由此可得，選對一個數字的機率是 $\dfrac{1}{139,838,160}$。

以同樣的方法計算 49 選 7 的組合總數：將 49×48×47×46×45×44×43 除以 1×2×3×4×5×6×7，得到的答案是 85,900,584。由此可知，第二種彩票的得獎機率為 $\dfrac{1}{85,900,584}$，遠大於第一種彩票。

78. 生日悖論

這件事看起來沒那麼簡單。為了計算出機率，我們必須要考慮到所有可能的組合。

一方面，有 2 個球員恰好同一天生日，但另一方面，可能還有第 3 個球員也在同一天生日。或者有 4 個球員，兩兩成對生日相同，但這一對與另一對的生日不同天。還有一種情況，雖然不太可能發生，但也不能被排除——所有 22 個球員都在同一天過生日。要將所有可能的情況逐一審視，幾乎是不可能的。不過有一個常用來計算機率的竅門——直接計算相反的機率——也就是所有 22 個球員都不在同一天過生日。我們從百分之一百中減掉這個相反機率，就得到了我們要的機率。

計算公式並沒有太難，不過為了避免錯誤，最好在電腦試算表裡計算。

我們將這些球員從 1~22 編號，然後從第一號球員開始。他可以在一年之中的 365 天任選一天當作生日。第二號球員就只剩 364 天——因為他不能與前面的人同一天生日。那麼，2 個人不同天生日的機率就是 $\frac{364}{365}$。

繼續計算：第三號球員只有 363 個日子可以選，所以 3 個球員生日都不相同的機率是 $\frac{364}{365} \times \frac{363}{365}$。

以此類推，第四號球員就有 362 個可能的日期。最後，第二十二號球員就只剩下（365 – 21 =）344 天可以選作生日，才不會與其他 21 個球員的生日重複。

因此，所有 22 個球員的生日都不相同的機率 p 為：

$$p = \frac{364}{365} \times \frac{363}{365} \times \frac{362}{365} \times \cdots \times \frac{344}{365} = 52.4\%$$

這表示在 22 個球員中，有 2 個人同一天生日的機率為
47.6%。就這一點來說，賽場上有兩人同一天生日，在數學上
並不是多罕見的事。相反地，我們可以說這件事很常見，大概
每兩場比賽就有一場可能會發生。

如果連裁判也算進去，球場上就有超過 23 個人，那麼至少
2 個人生日相同的機率就會提高至大於百分之五十。

許多人都直覺地認為生日相同的機率會很小，事實上卻高
得出乎人意料，所以這種現象也被稱為生日悖論。

79. 十個互不信任的強盜

需要 120 把不同的鎖，每把鎖配有 7 把鑰匙，也就是總共
840 把鑰匙。

根據題目，三個隨機選擇的強盜無法將箱子打開。當箱子
只有 1 把鎖，而這三個強盜都沒有這把鎖的鑰匙，在這樣的條
件下，箱子才會無法打開。但是其他七個不在場的強盜都必須
有這把鎖的鑰匙，只要這七個強盜之一加入那三個強盜，他們
就能打開箱子。

因此，我們需要以三個強盜為組合，將每種可能的配對都

配 1 把鎖和開這把鎖的 7 把鑰匙，並且把這 7 把鑰匙分配給那七個不在現場的強盜。

從十個強盜中選出三個強盜，有多少種可能性？這個數字對應的就是鎖的數量。我們可以利用二項式係數求出解答，即 $10! \div 3! (10 - 3)! = 120$。

我們也可以將這個數目直接計算出來。把這十個強盜分別編號為 1 到 10，並從中選出三個，就有 $10 \times 9 \times 8 = 720$ 種可能性。但是這種選法還包含著排列，例如 2、5、7 和 5、2、7。這樣當然不行，所以要再將 720 除以三個數字有可能的排列數量，得到 $720 \div (3 \times 2) = 120$。

現在知道需要 120 把鎖，每把鎖還需要 7 把鑰匙，總共 840 把鑰匙。總共有十個強盜，每個強盜得到 84 把鑰匙。

這些鑰匙的數量太多了，而且一個箱子配 120 把掛鎖似乎也不太現實。但只要這些強盜無法信任彼此，他們也沒有其他的選擇。

80. 公平分配小蘋果

隨機取出 2 箱蘋果，數量最少是（1 + 2 =）3 個，最多是（29 + 30 =）59 個。為了讓兩人獲得相同數量的蘋果，我們取中間值，預設 2 箱蘋果的總數是 31 個，就會存在 15 對不同的組合。在這些組合裡，每箱蘋果的數量從 1 個到 30 個都會出現一次：30+1 ／ 29+2 ／ 28+3 ／ 27+4 ／ 26+5 ／ 25+6 ／ 24+7 ／

23+8 ／ 22+9 ／ 21+10 ／ 20+11 ／ 19+12 ／ 18+13 ／ 17+14 ／ 16+15。

　　但是倉庫裡只有 20 箱蘋果，所以上述的組合並不會全部同時存在。當隨機刪去 10 種蘋果數量，在這 15 對組合之中就剩下 10 對。只要從這 10 對組合之中隨機取 4 對分給兩兄弟，兩人都可以拿到 62 顆蘋果。

渡輪、樓梯、橋樑

動態謎題

這一章的內容都是關於自行車、汽車、電扶梯、划艇、渡輪和地鐵。這些題可能看起來簡單，實際上卻有些難度喔！

81. 狹路相逢

　　一個騎自行車的人匀速通過一座長 100 公尺的橋。當他騎到 40 公尺的時候，遇到了從對面騎過來的另一個自行車手，這個車手與他的速度相同。

　　有一輛汽車與第一個車手相同方向，以每小時 70 公里的速度過橋。當汽車遇上第二個自行車手的時候，車手剛好離開這座橋。又剛好當汽車行駛到橋的另一頭時，超過了第一個自行車手。

　　請問自行車手的速度是多少？

82. 能趕上渡輪嗎？

某個司機想帶家人去北海的島上度假，幾個月前就訂好了渡輪的船票。出發那天，如果他以平均 120 公里的時速行駛，正好可以趕到渡輪碼頭。但人算不如天算，由於道路施工加上塞車，前半的路程他只能以平均 80 公里的時速行駛。

在後半的路程，他的平均時速必須開到多快，才能準時搭上渡輪呢？

提示：我們不知道司機從哪裡出發，不過這對解題來說非必要條件。

83. 神祕的渡輪

兩艘渡輪從一條河的左右兩岸同時出發。左岸出發的渡輪比右岸出發的渡輪速度慢，這兩艘渡輪在距離左岸 400 公尺的地方相遇了。

然後，兩艘渡輪各自到達對岸，停留 5 分鐘供人上下船。在回程路上，兩艘渡輪在距離右岸 200 公尺的地方再次相遇。

問題：這條河有多寬？

84. 划船時帽子掉了

　　兩個男人在河裡划著一艘小船，他們已經費力地逆流而上 1 公里。這時，其中一人的帽子突然掉進河裡，被水流沖走了。這兩個人又繼續逆流划了 5 分鐘才掉頭，順流而下去追趕那頂早已不見蹤影的帽子。這兩個男人非常努力，他們順流時划槳的力氣和頻率與逆流時相同。

　　過了 5 分鐘後，他們追上了那頂帽子，從水裡撈了起來。神奇的是，撈到帽子的地點，正好就是他們開始划船的地方。

　　問題：這條河的流速度是多少？

　　提示：假設水流和船的速度相對於靜止的水來說都是勻速的，並且空氣阻力和船掉頭所需的短暫時間忽略不計。

85. 城市環形公路

我們常聽到開車的人抱怨：「天天都有道路在施工！路真難走！」下面這道謎題就關於還沒蓋好的高速公路。

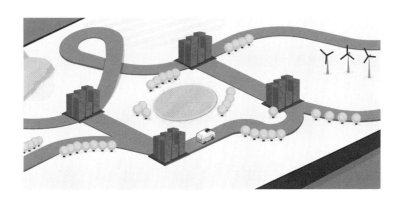

有六個城市正在共同建設一座互相連接的環形高速公路。已知每一個城市目前都至少蓋好了三段路，可以跟其他三座城市直接相連。

請證明在這樣的情況下，始終有一個可以繞行其中四個城市的環形公路存在。

提示：假設這六個城市為 A、B、C、D、E、F。若要繞行 A、B、C、D 四個城市，就要從 A 出發開向 B，接著到 C，再到 D，最後返回 A。

86. 復古巴士的聚會

復古巴士的愛好者每年都會約定一起出遊，從城市邊緣的停車場開到不遠處的一座城堡，舉行大型野餐會。

出發時，每輛巴士載的人數都一樣。行駛 1 公里後，有 10 輛巴士故障，只好停在路邊。這 10 輛巴士上的乘客平均分配到其他可以繼續行駛的巴士上，每輛巴士都正好接收了 1 人。

到達城堡後，所有人都下車野餐。野餐結束後，又有 15 輛巴士無法發動，只能留在原地。原本坐在這些巴士的乘客再次被平均分配到剩下的巴士。回程路上，每輛復古巴士的乘客人數正好比出發時多了 3 人。

問題：總共有多少人一起出遊？

87. 電扶梯上的賽跑

有一個男人正在逃亡，他不想引人注目，很少四處張望。他踏上了一座向上運行的電扶梯，為了縮段時間，他在電扶梯上升的同時向上走。這個男人並不知道有人正在跟蹤他。

當這個男人正好走到電扶梯中間位置時，有一個女人也踏上了電扶梯。她向上跑，並且在電扶梯的終點抓到了這個男人。她跑了 24 級台階，而這個男人一共走了 12 級台階。

當電扶梯停止不動的時候，可以看見多少級台階？

提示：假設電扶梯和這兩個人都是等速運動。

88. 電扶梯有幾級？

有一座向上運行的電扶梯，你從下往上跑，跑了 60 級台階後抵達另一樓。然後你轉過身，從另一座同樣向上運行的電扶梯開始向下跑，跑過 90 級台階後抵達了下一樓。不管你是上樓還是下樓，你奔跑的速度都是一樣的。

問題：當電扶梯停住的時候，你從下往上走，需要走多少級台階才能抵達上一層樓？

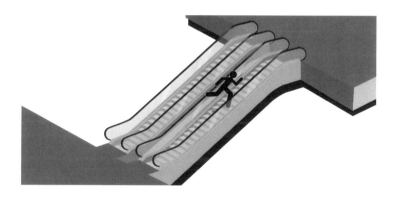

89. 卡薩諾瓦不相信隨機

　　情感和數學似乎沒有太多共同之處，然而下面這道謎題的主角卡薩諾瓦卻有一種感覺，這兩者之間是有聯繫的。

　　他有兩個朋友，但他不知道自己現在比較想見到誰，於是他決定隨機選擇。

　　卡薩諾瓦始終只去同一個地鐵站，那裡不是終點站，而且只有一條地鐵線路。他的兩個朋友住在那條路線上的相反兩端，於是卡薩諾瓦決定哪班車先來就上車。

　　兩個相反方向的列車都是每 10 分鐘發一班車，不過兩個月之後，卡薩諾瓦發現他去找了其中一個朋友 24 次，而另一個朋友那裡只去了 6 次。

　　這是為什麼呢？

90. 環球飛行接力

有一支飛機隊駐紮在一座小島上。隊上所有的飛機型號相同，飛行速度也相同。每架飛機加滿油之後，正好可以繞地球飛行半圈。

幸運的是，每架飛機還可以隨時在空中給另一架飛機加油。飛機燃料充足，但只有在島上才有燃料。

問題：至少需要投入多少架飛機，才能讓同一架飛機環繞地球一圈，且所有飛機最後都必須飛回島上？

提示：為方便起見，我們假設不論在地面或是在空中加油都能瞬間完成，起飛、降落和掉頭等動作耗費的時間也都不計算在內。

91. 起風了

有位女士每天都會騎自行車進行訓練,通常向東騎 15 公里後即返回。有一天,路上吹起了勻速的強烈西風。那天她去程正好花費了 30 分鐘;在回程的路上,狂風吹著她的臉,這段路她花費了 40 分鐘。

請問無風的時候,這位女士騎完 15 公里需要幾分鐘?

提示:不管風從哪邊吹還是完全靜止,這位女士騎車時始終維持相同的力量和速度。此外,為方便起見,我們假設順風與逆風對她的助力(加速)或阻力(減速)程度相同。

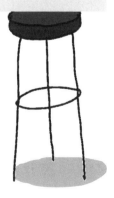

答案
Lösungen

81. 狹路相逢

自行車手的速度是每小時 14 公里。

當汽車剛開上橋的時候，它在第一個自行車手的後方 80 公尺。第一個自行車手騎過橋的最後 20 公尺所需的時間，與汽車經過整座橋 100 公尺的時間相同。那麼，第一個自行車手的時速就是 70 公里的 $\frac{1}{5}$，也就是時速 14 公里。

82. 能趕上渡輪嗎？

司機必須加速到令人難以置信的時速 240 公里，才有辦法趕上渡輪。

在前半路程中，汽車的時速不是 120 公里，而是 80 公里，因此花了比原定多 50% 的時間（以時速 80 公里開過 120 公里需要花 1.5 小時）。他必須在後半路程追回這 50% 的時間，表示他只有比原定少一半的時間來走完後半路程，目標時速就是原本的兩倍。

許多人會認為時速 160 公里才是正確答案，可能是因為解題時直覺地以時間而非路程來計算。司機要是在原定時間過一半的時候，發現自己的時速是 80 公里而非 120 公里，那他在後半時間裡加速到時速 160 公里，就可以準時到達碼頭。但是這道題目的條件是路程的一半。

想從字面做簡單計算（前面時速少了 40 公里，後面就加

回來）也是行不通的。如果司機在前半路程的時速只有 60 公里，那麼原定的行駛時間就全部用完了，因為一半的速度意味著兩倍的時間。

83. 神祕的渡輪

兩艘渡輪靠岸的時間都是 5 分鐘，所以可以將這段時間略過不計，假設它們到岸之後立刻返回。

兩艘渡輪第一次相遇時，它們行經的路程加起來是這條河的河寬；第二次相遇時，兩船行經的總路程是三倍河寬。假設慢船速度為 v1，快船速度為 v2，兩船出發到第二次相遇的這段時間為 t，河寬為 L，根據題目可寫成下列等式：

$$v1 \times t + v2 \times t = 3L$$
$$(v1 + v2) \times \frac{t}{3} = L$$

由此可知，$\frac{t}{3}$ 正好是兩船第一次相遇的時間。我們根據題目得出 $v1 \times \frac{t}{3} = 400$，慢船行經的總路程就是 $v1 \times t = 1200$ 公尺，而這條河的寬度就是（1200 - 200 =）1000 公尺。

84. 划船時帽子掉了

許多讀者為我提供了一個非常簡單又巧妙的解答方法：帽

子從已划過的 1 公里路程順流回到原地，花了 10 分鐘。那麼水流速度就是每小時 6 公里。

我們也可以仔細觀察兩人划過的路程，用煩瑣而經典的方式來解答這道題。當這兩個男人划船 5 分鐘，他們順流比逆流正好多划了 1 公里。

假設水流速度為 f，划船速度為 r。

划過 1 公里之後掉了帽子

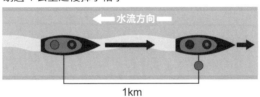

1km

划行 5 分鐘後掉頭

5 分鐘後追上帽子

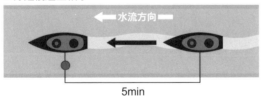

5min

順流而下時，有效速度為 r + f。逆流而上時，小船相對於河岸的速度是 r – f。划過的路程等於速度與時間的乘積，於是得出以下等式：

1km +（r – f）× 5min =（r + f）× 5min

將兩邊的 r × 5min 消去，這樣 r 就從等式中被剔除，只剩下單一未知數 f。

1km – f × 5min = f × 5min

1km = f × 10min

$f = \frac{1}{10}$ km/min

以公里和分鐘作為速度單位不太常見，因此我們將它換算為公里和小時，即每小時 6 公里。

85. 城市環形公路

我們必須區分兩種情況：

1）如果每個城市都有一條高速公路與其他所有城市相連，那麼隨時任選四個城市進行繞行都沒問題。這種情況也符合題目條件。

2）如果不是每個城市都有一條高速公路與其他所有城市相連，代表至少會有兩個城市之間沒有直接相連的公路。姑且將這兩個城市設定為 A 和 B，以下會證明這兩個城市可以透過環形公路互相連接。

如圖，A 至少與其他三個城市相連，但 B 不屬於其中，因

為 A 和 B 之間不存在直接相連的高速公路。假設與 A 相連的三個城市是 C、D、E。

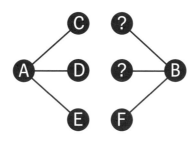

B 也至少與三個城市連接，但 A 不屬於其中。B 可能與 F 相連，也一定與 C、D、E 中的至少兩個相連。因為只有這樣，才有至少三條從 B 開始的高速公路。

當 B 與兩個城市相連，而這兩個城市同時也與 A 直接連接時，就形成我們要找的繞行路線了。

我們假設以 B 結尾的高速公路連通 C 和 D，那麼通過以下四個城市的環形公路就成立：從 A 開始，然後到 C，再到 B，接著再到 D，最後回到 A（見下圖）。

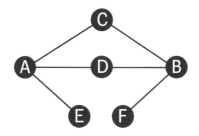

通過以上論述，可以證明城市之間始終有一個像這樣的環形公路存在。

86. 復古巴士的聚會

假設巴士的總數為 b，出發時每輛巴士的乘客人數為 p，那麼參與這次聚會的人數就是 b×p。

去程的路上少了 10 輛巴士（b – 10），而剩下的每輛巴士多了一位乘客（p + 1）。既然人數不變，在剩下巴士（b – 10）裡的乘客數量跟出發時的乘客數量（b×p）相同，所以：

$$b \times p = (b - 10) \times (p + 1) = b \times p - 10p + b - 10$$

將 b 移到同一邊，就得到：

$$b = 10p + 10 = 10(p + 1)$$

回程路上又少了 15 輛巴士（b – 25），每輛巴士多了三個人（p+3），而且總人數與出發時無異，即：

$$b \times p = (b - 25) \times (p + 3) = b \times p + 3b - 25p - 75$$

再次將 b 移到同一邊：

$$3b = 25p + 75$$

將前面得出的 b = 10（p + 1）代入這個等式，就得到：

30p + 30 = 25p + 75

5p = 45

p = 9

由此可得，出發時每輛巴士裡都坐了 9 人。再利用前面的等式，立刻就能算出有 100 輛巴士，而參加這場聚會的人數為 900 人。

87. 電扶梯上的賽跑

當電扶梯靜止不動時，有 36 級台階。

這個男人走了 12 級台階的同時，電扶梯也正在運行。他在電扶梯上的路程，一部分是自己跑的，一部分是電扶梯跑的。假設男人搭乘電扶梯上升的（不是跑過的）台階數為 a，那麼我們要求的總台階數就是 a + 12。

對女人來說，她自己跑了 24 級台階，電扶梯上升的台階數則只有男人的一半（因為她在男人正好在電扶梯中間位置時踏上電扶梯），即 $\frac{a}{2}$，那麼總台階數就是 $24 + \frac{a}{2}$。

因為他們搭乘的是同一座電扶梯，可得到以下等式：

$$a + 12 = 24 + \frac{a}{2}$$
$$a = 24$$

將這個結果代入總台階數 a + 12，就可以得到 36 級台階。

88. 電扶梯有幾級？

有些人會認為答案是 75 級，但 72 級才是正確答案。

當你上樓時，要將自己跑過的台階和電扶梯在此期間向上運行的台階數目相加。下樓則相反，你必須從自己跑過的台階數目減去在此期間向上運行的台階。

假設電扶梯在你跑完 1 級台階所需的時間內向上運行了 s 級（s 不一定是整數），由此得出以下兩個等式：

（上樓）總級數 = 60 + 60s
（下樓）總級數 = 90 – 90s

我們將第一個等式代入第二個等式中得到：

$$60 + 60s = 90 - 90s$$
$$150s = 30$$
$$s = \frac{1}{5}$$

最後再將 s 的值代入上面兩個公式中任一個，就可得到總級數為 72。

89. 卡薩諾瓦不相信隨機

不同方向的列車 A 與列車 B 都是每 10 分鐘一班車，關鍵是列車 A 與列車 B 發車的間隔時間。

如果發車間隔為 5 分鐘，列車 A 的發車時間為 00、10、20、30、40、50 分，列車 B 的發車時間就是 05、15、25、35、45、55 分。在這種情況下，卡薩諾瓦到兩個朋友家的機率相同。

但是在這一題中，卡薩諾瓦隨機去找朋友 A 的機率為 $\frac{24}{24+6} = \frac{8}{10}$，找朋友 B 的機率為 $\frac{6}{24+6} = \frac{2}{10}$。假設列車 A 的發車時間為 00、10、20、30、40、50 分，那麼列車 B 相應的出發時間就是 02、12、22、32、42、52 分。這樣當卡薩諾瓦在 01、02 分抵達地鐵站，就會搭上列車 B；當他在 03、04、05、06、07、08、09、10 分抵達地鐵站，就會搭上列車 A。因為發車的間隔時間不一致，才會導致機率的差異。

90. 環球飛行接力

三架飛機就可以環地球一圈。

兩架飛機肯定不夠。如果兩架飛機同時起飛，當它們用掉

$\frac{1}{3}$ 的燃料時，第二架飛機將 $\frac{1}{3}$ 的燃料轉給第一架飛機後返航。此時，這兩架飛機已經環繞地球 $\frac{1}{6}$ 圈。第一架飛機加完油後，總共可以飛 $\frac{1}{6} + \frac{1}{2} = \frac{2}{3}$ 圈。然後它的燃料就用完了，而小島上的飛機又無法給它提供燃料，因為它和小島距離（地球的 $\frac{1}{3}$ 圈）太遠。

三架飛機就可以實現環繞地球的目標。訣竅是讓兩架提供燃料的飛機加完油後回島補充燃料，然後再次起飛迎接從反方向而來、環繞地球的那架飛機。

飛行計畫如下：A、B、C 三架飛機同時起飛。繞飛地球 $\frac{1}{8}$ 圈之後，C 分別給 A 和 B 添加 $\frac{1}{4}$ 的燃料並返航。此時 C 還剩下 $\frac{1}{4}$ 的燃料，肯定能回到島上，而 A 和 B 的燃料也加滿了。

A 和 B 繼續飛行 $\frac{1}{8}$ 圈後，它們的燃料剩下 $\frac{3}{4}$。B 給 A 添加 $\frac{1}{4}$ 的燃料並返航。此時 B 還剩一半的燃料，肯定能回到島上，而 A 的燃料又加滿了。

A 繼續飛行，直到燃料用盡。這時 A 和小島的距離只剩下 $\frac{1}{4}$ 圈，並且遇上了迎面而來的 B。B 在飛行 $\frac{1}{4}$ 圈之後還剩一半的燃料，它再將剩餘燃料的一半給 A，兩架飛機就都有了 $\frac{1}{4}$ 的燃料，一起往小島的方向飛。

A 和 B 繼續飛了 $\frac{1}{8}$ 圈後，它們的燃料又用完了。這時 C 朝它們飛來，分別給了它們 $\frac{1}{4}$ 的燃料。現在這三架飛機都有了 $\frac{1}{4}$ 的燃料，剛好足夠飛回小島。

91. 起風了

有些人可能會認為，騎完一趟所需時間正好是兩趟時間的中間值，即 35 分鐘。但正確答案是 34 分 17 秒。

我們首先要計算出，在無風的狀態下，這位女士騎自行車的速度。對此，我們需要求出往返程的速度中間值。

$$去程速度 = \frac{15km}{30min} = 30km/h$$

$$回程速度 = \frac{15km}{40min} = 22.5km/h$$

$$速度中間值 = \frac{30 + 22.5}{2} km/h = 26.25km/h$$

當女士騎車的速度為 26.25km/h，騎完 15 公里要花 $\frac{15}{26.25}$ 小時，也就是 34 分 17 秒。

硬幣、玻璃杯、小偷

打破思考界線

　　最好的題目，我都給你留在最後了。本章的九道謎題相當難，可能會讓你想到抓耳撓腮。請堅持住，不要太早放棄！也許經過一、兩天的苦思冥想後，就能想出某道題的答案。祝你好運！

習題
Aufgaben

92. 五十枚硬幣的決鬥

如果可以得到最多的錢，誰不想要？

桌子上有 50 枚硬幣排成一排。這些硬幣的面值不等，我們也不可以移動它們。你和對手可以輪流從這一排硬幣的最左邊或最右邊的抽走一枚硬幣。每個人拿完之後，下一輪可以重新決定要抽走哪一邊的硬幣。遊戲從你先開始。

試證明當你玩到最後，至少可以拿到跟對手同樣多的錢。

提示：這個遊戲的目的就是想辦法拿到最多的錢，但這樣也會讓情況變得複雜。不要想怎麼做才能獲取最大利益，而是找出簡單就能贏的方法，非不得已時至少與對手拿同樣多的錢就好。

93. 玻璃杯的測試

　　有一家工廠專門生產不容易破碎的玻璃杯，即使從高樓摔下來，撞擊混凝土地面也完好無損。但這家工廠每天生產的玻璃杯品質不夠穩定，取決於工人的技術水準。既然玻璃杯的耐摔程度不一，就需要靠品管人員來測試。

　　每天晚上，品管人員會從當天生產的玻璃杯中取出一個，讓它從不同的樓層摔落，一層一層加高，直到摔碎為止。測試的塔樓總共有 10 層。為了找出玻璃杯最高從哪一層樓摔下來可以毫無損傷，最麻煩的情況是品管人員必須跑 10 層樓，摔 10 次玻璃杯。

　　每天不停跑上跑下地測試玻璃杯，讓品管人員筋疲力盡。某天晚上，他想到了一個主意：一次拿兩個玻璃杯來做測試。如果第一個玻璃杯摔碎了，他還可以用第二個玻璃杯繼續測試。

請問，如果品管人員用兩個玻璃杯來測試每日產品，最高從哪一層樓摔下來毫無損傷，他最多需要摔幾次？

給喜歡接受高難度挑戰的人：如果塔樓有 101 層，請問該如何解題？

提示：測試塔樓的第一層是平地，算作第 0 層，再往上有 10 層樓。之外，只要玻璃杯在落地時沒有破碎，就當作這個玻璃杯沒有裂縫也沒有損傷，而且在下一次撞擊中，玻璃杯也不會因此而變得更容易破碎。

94. 提高自由的機會

下面這道題跟本書第 42 題很類似，但是更複雜一些。

有三個男人被判監禁終身。出乎意料地，新來的典獄長同意給他們一次減刑的機會，但是他們之中至少要有一人能正確說出自己戴的帽子顏色，而其他人都不能說錯，或是也可以選擇不回答。

典獄長給三人展示了兩堆帽子：一堆是白色的，另一堆是黑色的。他會隨機選擇一頂帽子給囚犯戴上。囚犯看不到自己頭上的帽子，但是可以看到同伴的。他們不許和彼此說話，也不准用任何方式告訴對方帽子的顏色。

典獄長解釋：「如果你們當中的兩個人沒有回答，第三個人隨機回答了一個顏色，你們得到自由的機會就是 50%。不過你們是聰明人，也許可以找出勝算更大的方法。我現在讓你們互相商量，一個小時後再來給你們戴上帽子。」

這三個囚犯有辦法提高獲得自由的機會嗎？如果可以，他們該怎麼做？

95. 戰略性能源布局

在一座汽油短缺的圓形島嶼上，你要開車沿濱海公路環繞這座小島一圈。公路邊到處有加油站，但是每個加油站都只有很少量的汽油可用。把所有加油站的汽油全部加起來，剛好夠你環島一圈。

你的油箱是空的，試證明只要從正確的加油站出發，你一樣可以環島一圈。

提示：你開車出發前會先在第一個加油站加油。此外，我們假設汽車的汽油消耗速率是恆定的。

96. 一張桌子、兩個小偷、一堆硬幣

兩個小偷撬開一台停車場自動收費機，搶了一堆硬幣，數量正好每個人可以分得一半。

這兩人還想繼續撬開其他的收費機，但他們知道今晚員警加強巡邏，自己最好待在家裡。後來他們改變心意，決定賭錢，於是想出了以下遊戲：

兩人坐在一張圓桌旁，每個人輪流放一枚硬幣。這些硬幣可以放在任意位置，但是必須平放，不可以接觸到已經放在桌上的硬幣，也不允許將硬幣重疊，或者移動已經放好的硬幣。

兩人放的硬幣越多，桌子就越滿。誰先放不下硬幣，誰就輸了。最後放在桌上的所有硬幣都歸贏家所有。

問題：誰一定可以贏得這場遊戲？是第一個先放硬幣的人，還是第二個放硬幣的人？贏家需要採取什麼策略？

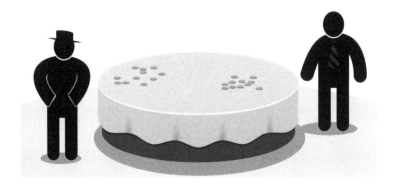

97. 桌上的五十支錶

這道題絕對可以讓你想破腦袋。

一張桌上有五十支錶。我們知道所有分針移動的角速度相同，但是錶也有可能快了或者慢了。

這些錶的大小都不相同，並且隨機散布在一張桌子上。錶盤顯示的時間也是隨機校正的。

請證明在一個小時中至少存在一個時間點，從桌面中心到五十個分針尖端的距離總和，大於桌面中心到這些錶盤中心的距離總和。

98. 由 0 和 1 組成的自然數

下面的問題讓我想到快發瘋，我一度完全不知道該如何解開它。經過數小時苦思冥想後，當我終於認輸，翻開答案時，我驚呆了。雖然題目只有一行字，還是請你務必挑戰一下。

已知一個自然數 n，請證明 n 有一個倍數是由數字 0 和 1 組成。

99. 誰與誰握手？

迦納夫婦參加一個派對，遇到了其他 4 對夫婦。主人想出一個特別的小遊戲來歡迎大家：每個人都要與在場所有不認識的人握手。

過了一會兒，迦納先生詢問了一圈，確定其他在場的 9 個人，每個人都跟不同數量的人握手了。

請問迦納太太與多少個人握手了？

100. 薛丁格的儲物櫃

在某所高中的地下室，正好有 500 個儲物櫃。開學第一天，儲物櫃的擁有者決定集體做一個瘋狂的舉動。

起初所有儲物櫃都是關著的：路過的 1 號學生將 500 個儲物櫃全都打開；2 號學生則關閉「每第 2 個」儲物櫃，也就是所有偶數的儲物櫃；3 號學生改變「每第 3 個」儲物櫃的狀態（關閉或打開）；4 號學生改變「每第 4 個」儲物櫃的狀態；以此類推，直到第 500 號學生改變第 500 個儲物櫃的狀態。

請問最後哪些儲物櫃是打開的？

答案
Lösungen

92. 五十枚硬幣的決鬥

你可以從左到右將這些硬幣用 1~50 編號。編號與它們的面值完全無關。這樣遊戲就變得相當簡單了——根據編號，要麼抽取所有偶數號硬幣，要麼抽取所有奇數號硬幣。

你必須在抽取第一個硬幣之前，計算出哪 25 枚硬幣更值錢——是偶數號硬幣加起來面值較大，還是奇數號硬幣？然後讓你的對手抽取那另外 25 枚硬幣，這樣無論如何他都不會贏。

假設偶數號硬幣比奇數號硬幣更值錢，那就選 50 號為第一枚要抽取的硬幣。這樣你的對手就只能選擇 1 號或 49 號，兩個都是奇數。他抽走之後，這一排硬幣的左右兩端又會是偶數號硬幣（2 號或 48 號），無論你要抽哪一枚硬幣都可以。如此繼續下去，直到抽走最後一枚硬幣。

如果奇數號硬幣更值錢，你就先選 1 號硬幣，再按照同上策略繼續抽取所有奇數號硬幣。

當偶數號和奇數號硬幣的總面值相同時，你要選偶數號或奇數號都可以，只要根據同上策略採取行動，你的對手絕對不可能拿走比你更多的錢。

93. 玻璃杯的測試

第一次測試在第 4 層樓摔玻璃杯。如果一號玻璃杯碎了，品管人員就讓二號杯從第 1、2 和 3 層樓依序摔落，找出可以完

好無損的最高樓層是哪一層。這測試最多要摔 4 次。

如果玻璃杯從第 4 層樓摔下完好無損，就移動到第 7 層樓。如果一號玻璃杯碎了，品管人員就將二號杯相繼從第 5 和 6 層樓落下。加起來最多也是摔 4 次。

如果玻璃杯從第 7 層樓摔下仍完好無損，那麼就繼續到第 9 層樓。如果一號玻璃杯碎了，就讓二號玻璃杯從第 8 層樓落下。總共也是摔 4 次。

如果玻璃杯能承受住從第 9 層樓的摔落測試，品管人員就必須上到第 10 層樓。最多總共需要摔 4 次。

這道謎題源自一九九六年美國數學協會發行的《自行車在哪條路上？》（*Which Way Did the Bicycle Go?*）。不過在這本書的題目中，測試塔樓有 36 層，需要最多摔 8 次。另外，若測試塔樓有 101 層，答案是需要摔 14 次。給想要知道確切如何計算的人一個提示：不論塔樓有幾層，這個問題還有一種通用解法。

94. 提高自由的機會

這三個囚犯被釋放的機率有 75%。

帽子的顏色分配有八個可能的情況，每個的機率都相同。

	A	B	C
情況 1	白色	白色	白色
情況 2	白色	白色	黑色

	A	B	C
情況 3	白色	黑色	白色
情況 4	白色	黑色	黑色
情況 5	黑色	白色	白色
情況 6	黑色	白色	黑色
情況 7	黑色	黑色	白色
情況 8	黑色	黑色	黑色

這三個人可以採用以下策略：當典獄長詢問時，第一個囚犯（A）觀察其他兩人（B、C）的帽子。如果這兩人的帽子顏色相同，那麼他就說出另一種顏色；如果這兩人的帽子顏色不同，那麼他就不回答。分析如下：

1）B和C的帽子顏色相同（情況 1、4、5、8）。如果是情況 1 和 8，A 的答案會是錯誤的；如果是情況 4 和 5，A 的答案會是正確的。所以 A 有 50% 的機會猜對自己帽子的顏色。

2）B和C的帽子顏色不同（情況 2、3、6、7）。如果 A 沒有回答，那麼第二個被問的 B 就可以推斷出自己帽子的顏色——他只需要看 C 戴了什麼顏色的帽子，就知道自己頭上戴著另一個顏色的帽子。同樣地，C 也可以從 B 的帽子推斷出自己帽子的顏色。在這四種情況下，正確機率是 100%。

這下可以算出總機率為 $\frac{1}{2} \times 50\% + \frac{1}{2} \times 100\% = 75\%$。

95. 戰略性能源布局

過多的未知數讓這道題看似無解，然而證明的過程其實比我們想的簡單。你只需把握一個原則：在到達下一個加油站之前不要讓油箱空掉。

我們可以用思想實驗的方式來解這題。假設我們知道加油站的數量、距離和儲油量，就能找出必須從哪個加油站出發。

假設我們從任意一個加油站出發的時候，油箱裡已經有足夠的汽油環島一圈。我們隨機選一個加油站出發，然後在所有的加油站停下來加油，包括題目規定的第一個加油站。

我們觀察環島期間的油箱液面高度。開車時，因為汽油消耗，液面高度會直線下降。當我們在每一個加油站停下來加油，液面高度就會垂直向上升高一段。下面這張圖展示了環島期間油箱的液面高度消長。到了最後，油箱裡的汽油會跟在第一個加油站加油之前一樣多，因為加進去的汽油正好就是消耗掉的汽油。

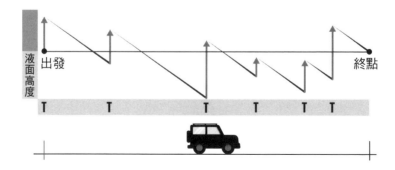

現在我們只需要找出在加油之前，油箱液面高度最低的那個加油站，就是我們開始環島的出發點。因為我們知道，接下來環島時的油箱液面高度不會比在這個加油站（第一次加油之前）的數值更低了。這樣問題就解決了！

96. 一張桌子、兩個小偷、一堆硬幣

先開始放硬幣的人可以贏走所有的硬幣。

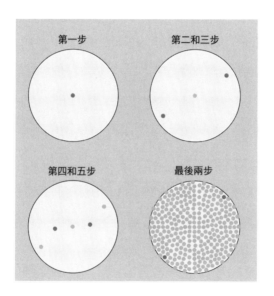

第一個開始的人只需將第一枚硬幣放在桌子的正中間，無論第二個人把硬幣放在哪裡都無所謂了。重點在於第一個人的第二枚硬幣，要正好放在第二個人的第二枚硬幣的對稱位置。從幾何上來說，這三枚硬幣形成了以中央第一枚硬幣為中心的

點反射。

　　這個策略可以確保第一個人始終能為自己的硬幣找到空位置。因為只要第二個人還能放得下一枚硬幣，那麼桌子的對面就有空位給第一個人放硬幣。當桌面沒有空位的時候，肯定就是輪到第二個人放硬幣的時候了。

97. 桌上的五十支錶

　　這個鐘錶問題有多種解法，包括數學家彼得・溫克勒（Peter Winkler）提供的其中一種。不過我們不需要使用餘弦函數或任何類似的函數也能解出來。我們來仔細看看單獨一支錶的情況：

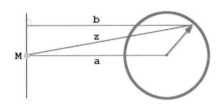

　　假設桌面中心為 M，錶盤中心到桌面中心的距離為 a，分針尖端到桌面中心的距離為 z，通過桌面中心 M 並垂直於 a 的直線到分針尖端的距離為 b。

　　我們可以看到，在一個小時的時長裡，b 的平均值正好等於 a。我們還發現，除了在兩個時間點 z = b 之外，z 總是大於 b。由此得出，在這一個小時裡，z 的平均值大於 a。

每支錶的 z 平均值都大於 b 平均值，每支錶的 b 平均值等於 a，所以每支錶的 z 平均值都大於 a。既然如此，z 平均值的總和當然就大於 a 的總和。

98. 由 0 和 1 組成的自然數

首先我會想，如果 n 等於 1~9，答案會是什麼樣？

2 × 5	=	10
3 × 37	=	111
4 × 25	=	100
5 × 20	=	100
6 × 185	=	1110
7 × 143	=	1001
8 × 125	=	1000
9 × 12345679	=	111111111

但是這種思考方向對於解這道題沒什麼幫助，舉例來說，如果 n = 25，要得到符合數字 0 和 1 組成的最小倍數，應該乘以因數 4，而這個因數比我們單獨看 n = 2 或 n = 5 時各別乘上的因數 5 和 20 來得小，顯然並沒有一定的規律。我們需要其他更通用的解法。

這個方法就是（你應該已經很熟悉的）抽屜原理——當物體的數量比抽屜的數量更多時，至少會有一個抽屜裡有兩件物

體。聽起來很抽象，但這個證明方法非常管用，本書第 33 題就是一個很好例子。

現在，我們將這個技巧套用到這一題。當任意一個自然數除以 n，餘數就有 n 種不同的可能（從 0 到 n–1）。我們來看一下只由數字「1」所組成的 n+1 個數，最小的是 1，接著是 11，以此類推，直到最大的由 n+1 個「1」組成的數。

當這 n+1 個數除以 n 時，餘數最多有 n 種不同的可能，那麼就必定存在至少兩個數擁有相同的餘數（多出來的必定會放入重複的抽屜）。將這兩個數相減就會得到 11111…00000 這種形式的數，它的前面只有 1，後面只有 0，而且能夠被 n 整除。

帶入實際數字試算一下：假設 n = 3，由數字 1 所組成的 n+1 個數分別為 1、11、111、1111。將 1 除以 3 的餘數為 1，11 除以 3 的餘數為 2，111 除以 3 的餘數為 0，1111 除以 3 的餘數為 1，於是把 1111 減去 1 就會得到 1110，除以 3 的餘數為 0。由此可知 n 至少有一個倍數是由 0 和 1 組成

99. 誰與誰握手？

答案是 4 個人。迦納太太與 4 個人握了手。

這道題目很討厭，因為我們對於迦納太太一無所知。

事實上，我們對迦納太太的了解還比其他人多一些。她的丈夫詢問了其他的 9 個客人（包括迦納太太），但是沒有包括自己。每個人握手的次數都不相同——這項敘述不適用於迦納

先生，而是針對其他 9 個客人。

因為每個客人最多可跟 8 個人握手，那麼可能的握手次數就是從 0（我認識所有人）到 8（我只認識我的配偶）。這些數字該如何分配到這些客人身上呢？我們先根據握手的次數來命名這些客人。

0 和 8 肯定是一對。如果他們不是一對，那麼 8（不認識任何人）就該和 0 握手，0 就不會是 0 了。因為 0 認識所有人，所以沒有和任何人握手。這是個無法調解的矛盾，所以 0 和 8 是一對夫妻。

同樣，1 和 7 也肯定是一對。已經確定 7 除了和 0 以外的人都握手了，而 1 已經和 8 握手了——如果 1 和 7 不是一對，那麼 7 就該與 1 握手，1 也就不會是 1 了，因為 1 已經跟 8 握過手，這就矛盾了。

我們可以用同樣的方式證明，2 與 6、3 與 5 各自都是一對。最後還剩下 4，也就是迦納太太的握手次數。迦納先生也是 4，他與配偶同樣握了 4 個人的手。因為迦納先生確認了其他 9 個客人的握手次數都不相同，但這一點不包括他自己。所以迦納先生與迦納太太都是 4 次。

100. 薛丁格的儲物櫃

編號為二次冪的儲物櫃是打開的，即第 1、4、9、16、25、36、49、64、81、100、121、144、169、196、225、256、

289、324、361、400、441、484 號。

我們可以知道的是，當 1 號學生將櫃子全部打開之後，2 號之後的櫃子如果要保持開啟的狀態，這中間必須經過偶數次的開關。

假設我們要觀察的儲物櫃為 n 號，由題目可知，會改變該櫃子狀態的學生編號必定為 n 的因數（但不一定是質因數）。實際做規律測試後，會發現 n 的因數組合（開關次數）必須「成對」，即滿足 $n = j^2$，才能使櫃子保持開啟的狀態。例如開著的 4 號櫃子被 2 號學生關上，再被 4 號學生打開，之後就不會再有人去動它了；16 號櫃子被 2 號學生關上，再被 4 號學生打開，然後再次被 8 號學生關上，最後被 16 號學生打開；25 號櫃子被 5 號學生關上，再被 25 號學生打開，以此類推。

所以滿足這一題條件的答案為 $n = j^2 \leq 500$ 的數。

致謝
Danken

寫這本書對我來說是莫大的快樂。

感謝 Kiepenheuer&Witsch 出版社和我的審稿人史黛芬妮‧
克拉茨（Stephanie Kratz），她的批判眼光幫助我將複雜的東西
儘可能呈現得簡明易懂。我還要向我的同事米凱爾‧涅斯特德
（Michael Niestedt）表達極大的感謝，他以無比的熱情完成了
這些謎題的圖表。我還想感謝所有謎題愛好者和謎題搜集者，
謝謝你們提出的建議。最後，感謝我在《明鏡週刊》網站「科
學與健康」專欄的同事，他們每週都很認真地校閱我的謎題。

國家圖書館出版品預行編目(CIP)資料

三個邏輯學家去酒吧：燒腦謎題 100 道，跳脫常規，重組思路，玩出新奇腦洞 // 霍格爾・丹貝克 (Holger Dambeck) 著；羅松潔譯. -- 二版. -- 新北市：日出出版：大雁出版基地發行，2024.04
面；　公分
譯自：Kommen drei Logiker in eine Bar : Die schönsten Mathe-Rätsel
ISBN 978-626-7382-95-0(平裝)

1.CST: 數學 2.CST: 通俗作品

310　　　　　　　　　　　　　　　　　113002276

三個邏輯學家去酒吧（二版）

燒腦謎題 100 道，跳脫常規，重組思路，玩出新奇腦洞！
Kommen drei Logiker in eine Bar: Die schönsten Mathe-Rätsel

Original Title: Kommen drei Logiker in eine Bar
Copyright © 2017, Verlag Kiepenheuer & Witsch GmbH & Co. KG
© SPIEGEL ONLINE GmbH, Hamburg 2017
This edition arranged with Verlag Kiepenheuer & Witsch GmbH & Co. KG through Bardon-Chinese Media Agency
Traditional Chinese edition copyright:
2024 Sunrise Press, a division of AND Publishing Ltd.
All rights reserved.

作　　　者　霍格爾・丹貝克 Holger Dambeck
譯　　　者　羅松潔
責任編輯　李明瑾
協力編輯　吳愉萱
封面設計　謝佳穎
內頁排版　陳佩君
發 行 人　蘇拾平
總 編 輯　蘇拾平
副總編輯　王辰元
資深主編　夏于翔
主　　　編　李明瑾
行　　　銷　廖倚萱
業　　　務　王綬晨、邱紹溢、劉文雅
出　　　版　日出出版
發　　　行　大雁出版基地
　　　　　　新北市新店區北新路三段 207-3 號 5 樓
　　　　　　電話（02）8913-1005　傳真：（02）8913-1056
　　　　　　劃撥帳號：19983379 戶名：大雁文化事業股份有限公司
二版三刷　2024 年 8 月
定　　　價　450 元
版權所有・翻印必究
ISBN 978-626-7382-95-0